21世纪应用型本科计算机专业实验系列教材

计算机网络
基础实验与课程设计

第二版

主　编　袁宗福

副主编　邓秀慧

参　编　毛云贵　王琦　蔡玮

主　审　常晋义

U0361365

南京大学出版社

图书在版编目（CIP）数据

计算机网络基础实验与课程设计／袁宗福主编. ——
2 版. —— 南京：南京大学出版社，2014.1（2022.1 重印）
  21 世纪应用型本科计算机专业实验系列教材
  ISBN 978 - 7 - 305 - 12892 - 9

  Ⅰ. ①计… Ⅱ. ①袁… Ⅲ. ①计算机网络—实验—高
等学校—教材②计算机网络—课程设计—高等学校—教材
Ⅳ. ①TP393

  中国版本图书馆 CIP 数据核字（2014）第 011554 号

出版发行　南京大学出版社
社　　址　南京市汉口路 22 号　　　　邮　编　210093
出 版 人　金鑫荣
丛 书 名　21 世纪应用型本科计算机专业实验系列教材
书　　名　**计算机网络基础实验与课程设计（第二版）**
主　　编　袁宗福
主　　审　常晋义
责任编辑　蔡文彬　　　　　　　　编辑热线　025 - 83686531
照　　排　南京南琳图文制作有限公司
印　　刷　南京百花彩色印刷广告制作有限责任公司
开　　本　787×960　1/16　印张 15　字数 321 千
版　　次　2014 年 1 月第 2 版　2022 年 1 月第 3 次印刷
ISBN 978 - 7 - 305 - 12892 - 9
定　　价　39.00 元

网址：http://www.njupco.com
官方微博：http://weibo.com/njupco
官方微信号：njupress
销售咨询热线：(025) 83594756

第二版前言

随着计算机网络技术的快速发展和 Internet 应用的普及,网络已潜移默化地改变着人类生存及生活的模式,人们的工作、生活和娱乐越来越依赖于计算机网络,只有掌握并充分利用计算机网络,才不致被时代的潮流所淘汰。当前,互联网在中国的发展呈蒸蒸日上、方兴未艾之势,社会对计算机网络人才的需求量越来越大,网络基础教育和应用推广在各大企业中高级阶层、高校学生以及互联网业界已得到相当程度的普及,那么,建设先进的计算机网络实验体系和实验教材,对于培养网络时代高质量的应用型人才具有重要的意义。

本书是 21 世纪应用型本科计算机专业实验系列教材。本书以促进学生综合能力培养为出发点,符合专业人才培养目标及课程教学的要求,注重应用技能的培养。取材合适,深度适宜,富有启发性,有利于激发学生学习兴趣,适应素质教育的需要,全面培养学生的知识能力和素质能力。

编者在多年计算机网络教学、实验及网络实验室建设的实践基础上,参考了相关的最新文献资料,编写了本实验教学书。本书充分考虑到目前高校的实验环境和计算机网络技术的发展现状,以培养应用型本科人才为目标,内容上以理论讲解够用为度,着重强调对网络技术和应用技能的介绍。本书第 2 版在第 1 版内容的基础上进行了一些修订,对原书的实验 10~11 和实验 15~16 的实验名称和实验目的及相关内容进行了修改,使得实验名称与其实验内容更加贴切,使读者在对知识点的掌握方面更具条理性,内容由浅入深,由易到难。另外,在内容上更具有针对性和应用性,对实验 25 中 Packet Tracer 的使用方法进行补充,加强了实践方面的知识。

本书既可以作为高等本科院校计算机网络教学的配套实验教材,又可以作为网络爱好者自学的参考书。本书以锐捷网络设备 S3750(S3760)、S2126 交换机和 R1762、R2632 路由器为硬件平台,内容分成了七个单元,其中包括 25 个实验和 1 个课程设计,各单元内容分别为 Internet 应用与服务配置、局域网组建与配置、网间通信配置、计算机安全与网络设备的安全配置、网络通信编程与协议数据包分析、路由器交换机模拟软件的使用、综合组网。所选实验内容具有较强的可操作性,所要求的实验环境和设备比较简单,书中所列的一些实验既可以在网络设备上进行操作,也可以使用本书中实验 25 介绍的路由器交换机模拟软件进行模拟操作。如果使用其他品牌或类型的网络设备,可查阅相应的配置命令按本书实验步骤进行。本书中阐述的网络通信编程与协议数据包的捕获,让读者更好地理解网络通信协议。

　　本书由袁宗福主编,邓秀慧副主编,全书由袁宗福统稿。实验 1～4 由蔡玮编写,实验 5～6 和实验 23 由王琦编写,实验 14、实验 20 和实验 24 由毛云贵编写,实验 7～13、实验 15～18 由邓秀慧编写,实验 19、实验 21～22 和实验 25～26 由袁宗福编写。常熟理工学院常晋义教授审阅了全部书稿,并提出了许多宝贵意见和建议,在此表示感谢。李明杰老师和赵秀兰老师在本书编写过程中提出了宝贵的建议,对他们的帮助表示感谢。在本书的编写过程中,编者参考了一些有关计算机网络的书刊及文献资料,并查阅了大量的网络资料,在此对所有的作者表示感谢。

　　限于水平,书中难免有不足与疏漏之处,恳请广大读者批评指正。

编　者
2014 年 1 月

目　录

第一单元 Internet 应用与服务配置

实验 1　Internet 应用

1.1　实验目的

(1) 了解 IE 的基本功能；

(2) 了解收发邮件的过程；

(3) 了解如何从 Web 服务器上传下载文件。

1.2　实验内容

(1) 掌握 IE 基本操作；

(2) 使用 Outlook Express 收发邮件。

1.3　相关知识点

1. Internet Explorer (IE)

Internet Explorer 是 Web 客户端程序，用于获取 Internet 上的信息资源，它是 Microsoft 公司开发的基于超文本技术的 Web 浏览器，是使用最广泛的一种 WWW 浏览器软件，也是访问 Internet 必不可少的一种工具。Internet Explorer 是一个开放式的 Internet 集成软件，由多个具有不同网络功能的软件组成。Internet Explorer 还配置了一些特有的应用程序，具有浏览、写 E-mail、下载软件等多种网络功能。

2. Outlook Express

Outlook Express 是 IE 浏览器的组件，它具有访问 Internet 电子邮件账号、接收、回复和发送电子邮件等基本功能与其他辅助功能。Outlook Express 建立在开放的 Internet 标准基础之上，适用于任何 Internet 标准系统，例如，简单邮件传输协议（SMTP）、邮局协议（POP3）和 Internet 邮件访问协议（IMAP）。它提供对目前最重要的电子邮件、新闻和目录标准的完全支持，这些标准包括轻型目录访问协议（LDAP）、多用途网际邮件扩充协议超文本标记语言（MHTML）、超文本标记语言（HTML）、安全/多用途网际邮件扩充协议（S/MIME）和网络新闻传输协议（NNTP）。这种完全支持可确保用户能够充分利用新技术，同时能够无缝地发送和接收电子邮件。

　　通过迁移工具可以从 Eudora、Netscape、Microsoft Exchange Server、Windows 收件箱和 Outlook 中自动导入现有邮件设置、通讯簿条目和电子邮件,从而便于用户快速利用 Outlook Express 所提供的全部功能。它还能够从多个电子邮件账户接收邮件,并能够创建收件箱规则,从而帮助用户管理和组织电子邮件。

　　此外,它还完全支持 HTML 邮件,使用户可以使用自定义的背景和图形来个性化邮件。这使得创建独特的、具有强大视觉效果的邮件变得非常容易。对于生日或假日等特殊情况,Outlook Express 还包含由 Greetings Workshop 和 Hallmark 设计的信纸。

1.4　实验环境与设备

　　实验设备:PC 机 1 台;
　　实验软件:Windows XP 操作系统,联网。

1.5　实验步骤

1.5.1　IE 的基本操作步骤

　　步骤 1:设置主页。
　　主页是指在启动 IE 时自动显示的起始页面。可以将一个最频繁使用的页面设为主页。设置主页的步骤如下:

　　(1) 在 IE 中,打开期望作主页站点的网址,例如在地址栏中输入 http:∥www. sina. com. cn,即新浪网。

　　(2) 选择"工具"菜单中的"Internet 选项"命令,打开"Internet 选项"对话框,如图 1-1 所示。

　　(3) 单击"使用当前页"按钮,此时"地址"栏内地址变成新浪网的地址,如图 1-2 所示。

　　(4) 单击"确定"即可。

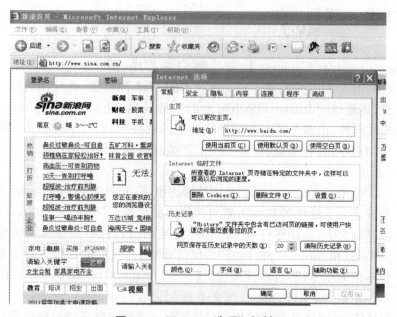

图 1-1　"Internet 选项"对话框

图 1-2　改变主页地址

步骤 2：使用收藏夹。

对于经常需要浏览的页面，可以分门别类地将其网页地址保存在收藏夹内，以后访问时，可以直接从收藏夹中选取，从而省去了输入地址或查找地址的麻烦。

下面将两个著名的搜索引擎 Google 和"百度"添加到收藏夹，步骤如下：

(1) 单击 IE 工具栏上的"收藏夹"按钮，如图 1-3 所示。

(2) 单击"收藏"中的"整理收藏夹"弹出对话框，如图 1-4 所示。

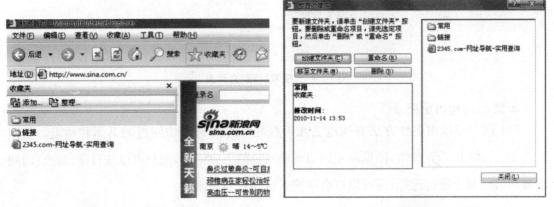

　　图 1-3　打开"收藏夹"　　　　　　　　　**图 1-4　"整理收藏夹"对话框**

（3）单击"创建文件夹"，并命名为"搜索引擎"，单击"关闭"。此时，用来保存搜索引擎页面的收藏文件夹就建好了，如图 1-5 所示。

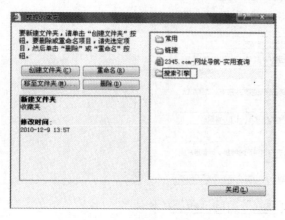

图 1-5　添加"搜索引擎"文件夹

图 1-6　将 Google 页面添加到"搜索引擎"文件夹

（4）打开 Google 页面（http：∥www.google.com.hk），单击"收藏"菜单中的"添加到收藏夹"命令，然后单击"创建到"，出现如图 1-6 所示的对话框。选中"搜索引擎"文件夹，再单击"确定"按钮，此时就将 Google 页面保存到"搜索引擎"文件夹了。

（5）重复上面的操作，将"百度"页面（http：∥www.baidu.com）存放至"搜索引擎"文件夹，效果如图 1-7 所示。

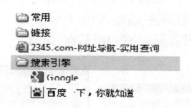

图 1-7　"搜索引擎"文件夹

步骤 3：访问历史记录。

（1）用户可以用多种方法查找过去几天或几小时内曾经访问过的页面和站点。如图 1-8 所示，单击 按钮，浏览框左侧出现访问过的历史记录，用户可以按日期、站点、访问次数和访问顺序进行选择，还可以按名字搜索访问过的页面。

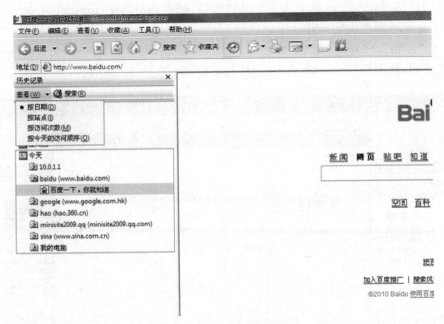

图 1-8　访问历史页面

（2）用户可以删除历史记录，或更改页面保留在"历史记录"中的天数。

删除某个历史页面，可以先将该页面选中，然后点鼠标右键，在弹出的快捷菜单中选"删除"命令即可。

更改页面保存的天数，可以先单击"工具"→"Internet 选项"命令，弹出对话框，在"历史记录"这一项中可以设置页面保存的天数，默认值是 20 天，单击"清除历史记录"按钮可以清除所有历史记录，如图 1-9 所示。

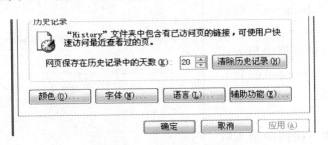

图 1-9　历史记录天数设置

1.5.2　使用 Outlook Express 收发邮件操作

步骤 1：添加邮件账号。

假设用户已经在163信箱申请一个免费邮箱,邮箱地址为zhangsan@163.com,则可做Outlook Express邮箱绑定操作。

(1) 在"开始"→"程序"菜单中,单击Outlook Express,进入Outlook Express界面,如果是初次启动,会出现"Internet链接向导"对话框,如图1-10所示。

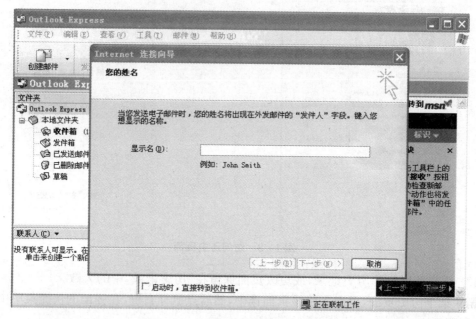

图1-10　"Internet链接向导"对话框

(2) 在"显示名"这一栏填写用户的名字,这个名字将出现在"发件人"字段,如键入"zhangsan",然后单击"下一步"。

(3) 在弹出的对话框中填入用户的E-mail地址zhangsan@163.com,如图1-11所示,再单击"下一步"。

(4) 在弹出的对话框中填入收发邮件的服务器名或者服务器主机地址,163免费邮箱服务器的地址可以在网上查到。接收邮件服务器是pop.163.com,发送邮件服务器是

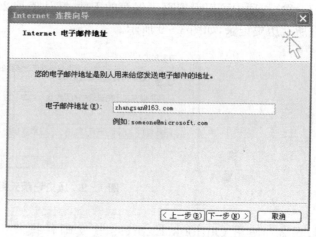

图1-11　填入用户E-mail地址

smtp. 163. com，如图 1 - 12 所示，填完之后，单击"下一步"，弹出新的对话框。

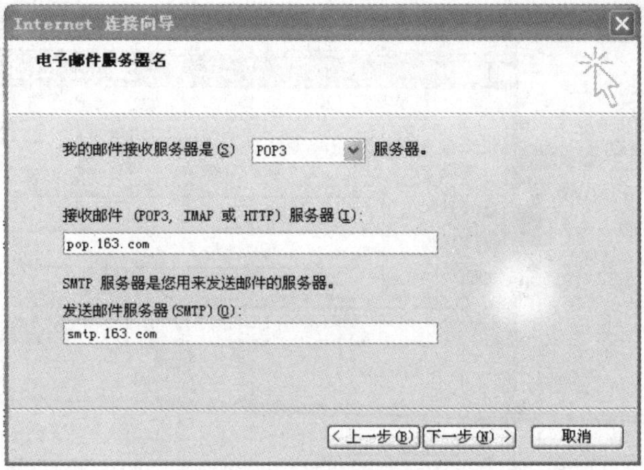

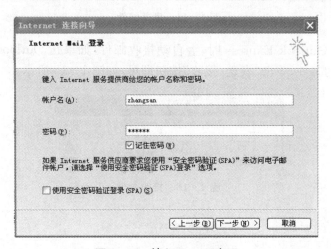

图 1 - 12 填入 E-mail 服务器地址

（5）在弹出的对话框中填入邮箱密码，如图 1 - 13 所示。如果希望登录的时候不需要输入密码，则勾选"记住密码"项。然后单击"下一步"，显示设置已经完成，单击"完成"即可。

图 1 - 13 填入 E-mail 密码

步骤 2：收发邮件。

（1）单击"创建邮件"按钮，出现一封新邮件，用户在收件人处填写收件人的地址。

（2）如果需要同时发给其他收件人，则可以在"抄送"处填写其他收件人的 E-mail 地址，中间用英文逗号间隔。

（3）在"主题"这一栏填入信件的题目，下面空白的编辑栏就可以写信了。

（4）完成这些操作之后，点"发送"按钮，就可以将信件发出。如图 1-14 所示。

图 1-14　发送邮件

（5）每次启动 Outlook Express 时，会自动接收邮件，如果在 Outlook Express 运行过程中，希望接收新的邮件，单击"发送/接收"按钮即可，如图 1-15 所示。

图 1-15　接收邮件

1.6　思考题

（1）将 IE 的主页设置为 www. sohu. com。

（2）使用 Outlook Express 收发一次邮件。

实验 2 Internet 信息搜索

2.1 实验目的

（1）了解搜索引擎的基本功能；
（2）掌握搜索引擎的使用方法。

2.2 实验内容

（1）使用 Google 等著名搜索引擎；
（2）根据关键字搜索相关信息。

2.3 相关知识点

目前全世界有数以千计的搜索引擎，为用户在众多的网站中快速有效地找到所需要的信息。搜索引擎在 Internet 上周期性地收集新的信息，将其分类存储，这样，在搜索引擎所在的主机上，建立一个不断更新的"数据库"。用户搜索特定信息时，实际上是搜索引擎在这个数据库中进行查找。有的站点以提供搜索引擎作为主要的服务项目，如著名的 Google 和百度等。

Google 是全球驰名的搜索引擎技术开发商和高效的广告宣传媒介。"Google"取自数学术语 googol，意思是一个 1 后面有 100 个 0。从 1998 年创立以来，Google 富于创新的搜索技术和典雅的用户界面设计使 Google 从当今的第一代搜索引擎中脱颖而出。Google 的使命就是整合全球范围的信息，使人人皆可访问并从中受益。Google 提供了简单易用的免费服务，用户可以在瞬间返回相关的搜索结果。在访问 Google 主页时，用户可以使用多种语言查找信息、查看新闻标题、搜索超过 10 亿幅的图片，并能够细读全球最大的 Usenet 消息存档，其中提供的帖子超过 10 亿个，时间可以追溯到 1981 年。

百度是全球最大的中文搜索引擎、最大的中文网站。从创立之初，百度便将"让人们最便捷地获取信息，找到所求"作为自己的使命。公司秉承"以用户为导向"的理念，始终坚持如一地响应广大网民的需求，不断地为网民提供基于搜索引擎的各种产品，其中包括以网络搜索为主的功能性搜索，以贴吧为主的社区搜索，针对各区域、行业所需的垂直搜索、Mp3 搜索，以及门户频道、IM 等，全面覆盖了中文网络世界所有的搜索需求，根据第三方权威数据，百度在中国的搜索份额超过 70%。

2.4　实验环境与设备

实验设备：PC 机 1 台；

实验环境：Windows XP 操作系统，Internet 网络。

2.5　实验步骤

下面以搜索引擎 Google 为例，学习如何使用搜索引擎。

1. 选择搜索字

选择正确的搜索字词是找到所需信息的关键。例如，如果想查找黄山的有关信息，可以搜索"黄山"。但是通常建议使用多个搜索字词。如果打算安排一次黄山度假，则搜索"黄山旅游"，这比单独搜索黄山或旅游效果会更好。如果想看看具体行程，则可以查找"黄山旅行社"。

2. Google 搜索不区分大小写

不论如何键入，所有字母都会被视为是小写的。例如，搜索 FTP 和 ftp 效果是一样的。

3. 否定字词

如果需要查找的是 ftp 相关内容，而不是 ftp 软件，可以用减号排除软件项，如图 2-1 所示。

图 2-1　否定字词搜索

4. 或（OR）操作

Google 用大写的"OR"表示逻辑"或"操作。搜索"A OR B"，意思就是说，在搜索的网页中，要么有 B，要么同时有 A 和 B。例如，搜索网上书库，可以搜索"书库 OR 书城 OR 书店"。需要注意的是，"或"操作必须用大写的"OR"，而不是小写的"or"。

5. 默认与（AND）操作

在默认情况下，Google 只返回包含所有字词的网页。在字词之间无需添加"AND"。如"黄山"和"旅游"之间无需加"AND"。如果要进一步限制搜索，则只需加入更多字词。需要注意的是，字词键入的顺序会影响搜索结果。

但当用单词短语作为关键字时，为了避免变成默认的与操作，必须给单词短语打上双引号，例如，查询影片蜘蛛侠的英文信息 Spider Man 时，需要打上双引号，即"Spider Man"。

6. 通配符

很多搜索引擎支持通配符号，如"＊"代表一连串字符，"?"代表单个字符等。Google 对通配符支持有限。目前只可以用"＊"来代替单个字符，而且包含"＊"必须用""引起来。例如，""以 * 治国""，表示搜索第一个为"以"，后两个为"治国"的四字短语，中间" * "可以为任意字符。

7. 搜索引擎忽略的字符以及强制搜索

Google 对一些网络上出现频率极高的英文单词（如"i"、"com"、"www"等）以及一些符号（如" * "等），做忽略处理

例如，搜索关于 www 起源的一些历史资料。搜索关键字为"www 的历史 internet"，结果是字词"WWW 的"因为使用过于频繁，没有被列入搜索范围。于是上述搜索只搜索了"历史"和"internet"，这显然不符合要求。如果对忽略的关键字进行强制搜索，则需要在该关键字前加上明文的"＋"号。搜索关键字为"＋www＋的历史 internet"。

8. 对搜索的网站进行限制

"site"表示搜索结果局限于某个网站或者网站频道（如"www. sina. com. cn"、"edu. sina. com. cn"），或者某个域名（如"com. cn"、"com"等）。如果要排除某网站或者域名范围内的页面，则只需用"-网站/域名"。

例如，搜索中文教育科研网站（edu. cn）上关于升学、录取的页面。搜索关键字为"升学录取 site：edu. cn"。

需要注意的是，"site"后的冒号为英文字符，而且，冒号后不能有空格，否则，"site："将被作为一个搜索的关键字。此外，网站域名不能有"http：∥"前缀，也不能有任何"/"的目录后缀，网站频道则只局限于"频道名. 域名"方式，而不能是"域名. 频道名"方式。

9. 在某一类文件中查找信息

"filetype："是 Google 开发的一个非常强大实用的搜索语法。Google 不仅能搜索一般的文字页面，还能对某些二进制文档进行检索。目前，Google 已经能检索许多类型的文件，如. xls、. ppt、. doc、. rtf、WordPerfect 文档、Lotus1-2-3 文档、Adobe 的. pdf 文档和 ShockWave 的. swf 文档（Flash 动画）等。其中最实用的文档搜索是 PDF 搜索。目前 Google 检索的 PDF 文档大约有 2 500 万左右，大约占所有索引的二进制文档数量的80%。PDF 文档通常是一些图文并茂的综合性文档，提供的咨询一般比较集中全面。

例如，搜索几个如何使用搜索引擎的 Office 文档。

搜索关键字为"如何使用搜索引擎 filetype：doc OR filetype：xls OR filetype：ppt"

Google 用[PDF]来标记这是一个 PDF 的文档检索，另外，它还给出该 PDF 文档的 HTML 版本，该 HTML 版本保留了文档的文字内容和结构，但没有图片。

10. 搜索的关键字包含在 URL 链接中

"inurl"语法返回的网页链接中包含第一关键字，后面的关键字则出现在链接中或者网页文档中。有很多网站把某一类具有相同属性的资源名称显示在目录名称或者网页名称中，比如"MP3"、"GALLARY"等。于是，可以用 inurl 语法找到这些相关资源链接，然后，用第二个关键词是否有某项具体资料。inurl 语法和基本搜索语法最大的区别在于，前者通

常能提供非常精确的专题资料。

例如,查找 wma 格式的歌曲"千里之外"。搜索关键字为"inurl：wma"千里之外""。

需要注意的是,"inurl："后面不能有空格,Google 也不对 URL 符号如"/"进行搜索。例如,Google 会把"cgi-bin/phf"中的"/"当成空格处理。

11. 搜索的关键字包含在网页标题中

"intitle"的用法类似于上面的 inurl,只是后者对 URL 进行查询,而前者对网页的标题栏进行查询。网页设计的一个原则就是要把主页的关键内容用简洁的语言表示在网页标题中。因此,只查询标题栏,通常也可以找到高相关率的专题页面。

例如,查找香港演员刘德华的剧照。搜索:"intitle：刘德华"剧照""。

12. 图片搜索

Google 可以检索 390 000 000 张照片,Google 首页点击"图像"链接就进入了 Google 的图像搜索界面"images. Google. com. hk"。用户可以在关键字栏内输入描述图像内容的关键字,就会搜索到大量的相关图片。

Google 给出的搜索结果具有一个直观的缩略图,以及对该缩略图的简单描述,如图像文件名称以及大小等。点击缩略图,页面分成两帧,上帧是图像之缩略图,以及页面链接,而下帧,则是该图像所处的页面。屏幕右上角有一个"Remove Frame"的按钮,可以把框架页面迅速切换到单帧的结果页面,非常方便。

目前 Google 图像搜索支持的语法包括基本的搜索语法,如"＋"、"－"、"OR"、"site"和"filetype："。在图片搜索中,"filetype："的后缀只能是几种限定的图片类型,如 JPG、GIF 等。

例如,想在新浪网中查找孙悟空的扮演者的相关图片,搜索关键字为:"孙悟空 site：sina. com. cn"。

13. 目录检索

如果不想搜索广泛的网页,而是想寻找某些专题网站,可以访问 Google 的分类目录"http：//directory. Google. com. hk/Top/World/Chinese_Simplified/"。分类的网站目录一般由专人负责,分类明确,信息集中。因此,目录检索时,首先考虑所需要的信息能否在一个专门主题的网站上找到。需要说明的是,用目录检索,往往需要用户对查询的领域很熟悉。否则,连查询的内容属于哪个类目都不知道,目录浏览也就无从谈及了。

14. 网页快照

网页快照是 Google 抓下来缓存在服务器上的网页。

当原地址网页打开很慢,那么可以直接查看 Google 缓存页面,因为 Google 服务器速度极快;如果原链接已经死掉或者因为网络的原因暂时链接不通,那么可以通过 Google 快照看到该页面信息。当然快照内容不是该页信息;如果打开的页面信息量巨大,一下子找不到关键字所在位置,那么可以通过 Google 快照,因为快照中 Google 用黄色表明关键字位置。

15. 集成化的工具条

为了方便搜索者,Google 提供了工具条,集成于浏览器中,用户无需打开 Google 主页就可以在工具条内输入关键字进行搜索。此外,工具条还提供了其他许多功能,如显示页面 PageRank 等。最方便的一点在于,用户可以快捷地在 Google 主页、目录服务、新闻组搜索、高级搜索和搜索设定之间进行切换。想要安装 Google 的工具条,可以访问"http：∥toolbar. Google. com/",按页面提示可以自动下载安装。不过,Google 工具条目前只支持 IE5. 0 以上版本。

2.6　思考题

(1) 是不是所有的搜索引擎都使用完全相同的搜索语法?

(2) 如何处理返回结果太多的搜索?

实验 3　WEB 服务器的安装和配置

3.1　实验目的

(1) 学会用 Windows 操作系统建立 Web 服务器；
(2) 掌握 Web 服务器的配置。

3.2　实验内容

(1) 安装 Windows XP 和 IIS；
(2) 配置 Web 服务器；
(3) 安装 Apache 和配置 Apache。

3.3　相关知识点

Web 服务器也称为 HTTP 服务器，它是响应来自浏览器的请求，并且发送出网页的软件。当访问者在浏览器的地址文本框中输入一个 URL，或者单击在浏览器中打开的网页上的某个链接时，便生成一个网页请求。典型的 Web 服务器有：Microsoft Internet Information Server（IIS），Apache HTTP Server，Netscape Enterprise Sever，Sun One Web Server 等。

IIS 是一款服务器的运行软件。Microsoft Windows XP 中的 Internet 信息服务（IIS 5.1）在 Windows 中增加了强大的 Web 计算功能。通过 IIS，可以轻松地共享文件和打印机，或者创建应用程序以便在网站上安全地发布信息，从而改善组织共享信息的方式。同时，IIS 也支持如下功能，例如，有编辑环境的界面（FRONTPAGE）、全文检索功能（INDEX SERVER）和多媒体功能（NET SHOW）等。其次，IIS 是随 Windows NT Server 4.0 一起提供的文件和应用程序服务器，是在 Windows NT Server 上建立 Internet 服务器的基本组件。它与 Windows NT Server 完全集成，允许使用 Windows NT Server 内置的安全性以及 NTFS 文件系统建立强大灵活的 Internet/Intranet 站点。

Apache 是世界排名第一的开放源代码的 Web 服务器软件。它可以运行在几乎所有广泛使用的计算机平台上。Apache 源于 NCSAhttpd 服务器，经过多次修改，成为世界上最流行的 Web 服务器软件之一。Apache 取自"a patchy server"的读音，意思是充满补丁的服务器，因为它是自由软件，所以不断有人来为它开发新的功能、新的特性、修改原来的缺陷。Apache 的特点是简单、速度快、性能稳定，并可做代理服务器来使用。本来它只用于小型或试验 Internet 网络,后来逐步扩充到各种 Unix 系统中,尤其对 Linux 的支持相当完美。Apache 有多种产品,可以支持 SSL(Secure Socket Layer,网络安全协议)技术,支持多个虚拟主机。Apache 是以进程为基础的结构,进程要比线程消耗更多的系统开支,不太适合于多处理器环境,因此,在一个 Apache Web 站点扩容时,通常是增加服务器或扩充群集节点而不是增加处理器。到目前为止 Apache 仍然是世界上用得最多的 Web 服务器,市场占有率达 60% 左右。世界上很多著名的网站如:Amazon、Yahoo、W3 Consortium、Financial Times 等都是 Apache 的产物,它的成功之处主要在于它的源代码开放、有一支开放的开发队伍、支持跨平台的应用(可以运行在几乎所有的 Unix、Windows、Linux 系统平台上)以及它的可移植性等方面。

本实验中,以 Windows 平台为例,介绍 IIS 和 Apache 的安装和配置方法。

3.4　实验环境与设备

实验设备:PC 机 1 台;

实验软件环境:Windows XP 操作系统安装盘,软件 Apache。

3.5　实验步骤

步骤 1:Windows XP 中 IIS 5.1 的安装。

(1) 进入 Windows XP 操作系统,单击“开始”→“控制面板”,双击“添加或删除程序”按钮,启动“添加或删除程序”应用程序。

(2) 在“添加或删除程序”对话框左侧列中,单击“添加或删除 Windows 组件(A)”按钮。

(3) 出现“Windows 组件向导”后,单击“下一步”按钮。

(4) 在“Windows 组件”列表中选中“Internet 信息服务”,如图 3-1 所示,把“Internet 信息服务(IIS)”打上钩。

(5) 单击“下一步”,然后根据提示进行操作(此步骤需要用到 Windows XP 安装文件)。

安装后,可以启动浏览器,在地址栏中输入地址:http://localhost。若显示网页,则表示 IIS 正常安装。

假定 Windows XP 操作系统安装在计算机的 C 盘中,那么,该系统

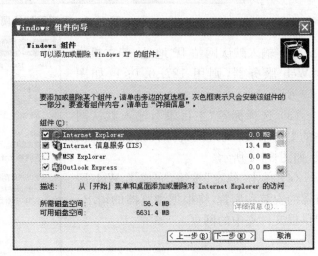

图 3-1　在 Windows XP 中添加 IIS 组件

会自动创建根文件夹 C:\Inetpub\wwwroot。

步骤 2：设置默认网站主目录（根文件夹）。

（1）单击"开始"→"控制面板"→"性能和维护"→"管理工具"→"Internet 信息服务"，如操作时找不到"性能和维护"，可在控制面板左侧栏中选择"切换到分类视图"，点击"+"展开"本地计算机"列表，展开"网站"文件夹，然后展开"默认网站"文件夹，右击"默认网站"，单击"属性"，如图 3－2 所示。

图 3－2　设置网站的属性

（2）输入默认网站 IP 地址，若本机作为 Web 服务器，则用 127.0.0.1，如图 3－3 所示。

（3）选择标签"主目录"，输入默认网站的主目录，以及为该文件夹设置脚本权限，如图 3－4 所示。

（4）单击"确定"按钮，完成了 Web 服务器的安装和配置，将根据浏览器的请求，提供根文件夹中的网页。

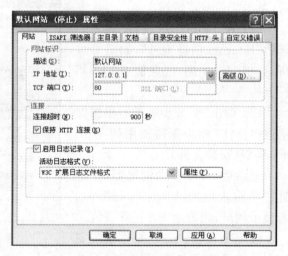

图 3－3　设置 Web 服务器的 IP 地址

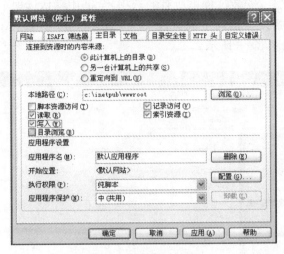

图 3 - 4　设置本地路径

步骤 3：测试。

（1）创建测试网页。启动 Word 或 FrontPage，输入文字"这是一个测试服务器的网页文件"或其他文字，将文字的格式设置为"红色＋斜体"，保存为网页文件：index. htm，再创建一个网页文件 test. htm（内容自定），并将它存放在 C:\Inetpub\wwwroot 目录下。

（2）启动"IE 浏览器"，在地址栏输入 127.0.0.1，将显示 index. htm 文件的内容。在地址栏中输入 http://127.0.0.1/test. htm，将显示网页文件 test. htm 的内容。

步骤 4：安装 Apache。

（1）在网站上搜"Apache"，并下载 Apache 软件。官网地址为：http://www. Apache. org。

（2）运行 Apache 文件，即可开始安装。Apache 的安装过程很简单。按向导一步一步往下走，只需要设置如图 3-5 所示的对话框：在"Network Domain"里输入域；在"Server Name"里输入服务名；在"Administrator's Email Address"里输入网站管理员的 E-mail 地址，如果您的服务器（主机）没有注册域名，则可输入它的 IP 地址（假设为

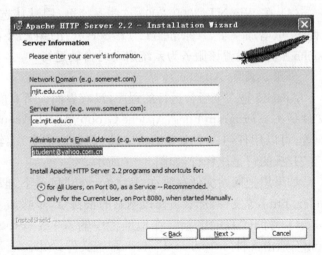

图 3 - 5　Apache HTTP Server 安装向导设置"Server Information"

192.168.1.8)。除此之外,安装过程里所有的选项,全部用默认选项。

(3) 安装成功后,系统会自动生成文件夹"C:\Program Files\Apache Software Foundation\Apache2.2",如图 3-6 所示。

图 3-6　Apache 安装后系统生成的文件和文件夹

(4) 在 Win NT/2000/2003 这些系统里,用默认选项安装的 Apache,除了在"开始"→"程序"里增加一个"Apache HTTP Server"的组之外,还会在系统的服务里增加一个 Apache 服务。设置该服务为系统启动时自动运行。

步骤 5:配置 Apache。

Apache 是一个后台运行的程序,没有界面。所有的配置都包含在配置文件里。主配置文件是:C:\Program Files\Apache Group\Apache\conf\httpd. conf,如果要修改 Apache 的配置,可以用任何一个文本编辑工具(例如记事本)编辑这个配置文件。在配置文件里,以"#"开头的行是注释行,如图 3-7 所示。

如果想把网站文件存放在"D:\myweb"目录下,假设目录"D:\myweb"已建好且已有 index. html 等文件,那么可修改网站的根目录,步骤如下:

(1) 打开"我的电脑",在地址栏中输入"C:\Program Files\Apache Group\Apache\conf",双击文件"httpd. conf",打开配置文件,如图 3-7 所示。

(2) 将文件中的"DocumentRoot "C:/Program Files/Apache Software Foundation/Apache2. 2/htdocs""这一行改为"DocumentRoot "D:/myweb""。

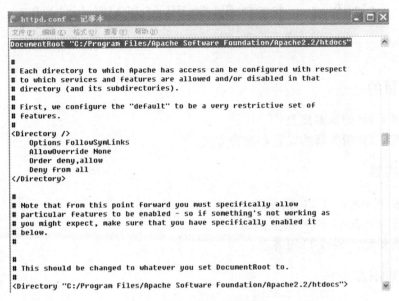

图 3-7　Apache 配置文件

（3）将文件中的"〈Directory ″C:/Program Files/Apache Software Foundation/A-pache2.2/htdocs″〉"这一行改为"〈Directory ″D:\my web″〉"。

（4）将文件保存关闭，单击任务栏上 Apache 图标，在弹出的菜单中选择"Restart"，重启 Apache，如图 3-8 所示。完成配置修改。

图 3-8　重启 Apache

（5）打开"IE 浏览器"，在地址栏输入 192.168.1.8，可以看到浏览器显示的是目录 D:/myweb 下的 index.html 文件。

3.6　思考题

（1）如何创建虚拟目录？虚拟目录和实际目录有什么关系？

（2）每次配置文件更改后，是否要重新启动 Apache 才会生效？

（3）请总结在实验的配置过程中遇到的问题及解决方法。

实验 4　FTP 服务器的配置与访问

4.1　实验目的

（1）了解 FTP 的基本概念；

（2）学习 FTP 服务器的安装和配置方法。

4.2　实验内容

（1）安装 Windows FTP 服务器；

（2）配置 Windows FTP 服务器；

（3）安装和配置 Serv-U 服务器。

4.3　相关知识点

FTP 服务是 Internet 网络上常见的传输文件的服务。它是用于文件传输的 Internet 标准。

文件传输（FTP）是 Internet 上使用最广泛、信息传输量最大的应用之一。用它在不同的系统间传输文件，使用户可以从授权的异地计算机上获取所需文件，也可把本地文件传送到其他计算机上实现资源共享。FTP 服务由 TCP/IP 的文件传输协议支持。它是一种实时的联机服务，在进行工作时先要登录到对方的计算机上，用户在登录后可以进行文件搜索和文件传输的有关操作。使用 FTP 可以传输文本文件和二进制文件（如图像、声音、压缩文件、可执行文件和电子表格等）。

FTP 服务器是在互联网上提供存储空间的计算机，它们依照 FTP 协议提供服务。简单地说，支持 FTP 协议，提供文件传输服务的服务器就是 FTP 服务器。

在 FTP 的使用当中，用户经常遇到两个概念："下载"（Download）和"上传"（Upload）。"下载"文件就是从远程主机拷贝文件至自己的计算机上；"上传"文件就是将文件从自己的计算机中拷贝至远程主机上。用 Internet 语言来说，用户可通过客户机程序向（从）远程主机上传（下载）文件。

使用 FTP 时必须首先登录，在远程主机上获得相应的权限以后，方可上传或下载文件。也就是说，要想同哪一台计算机传送文件，就必须具有哪一台计算机的适当授权。换言之，除非有用户 ID 和口令，否则便无法传送文件。这种情况违背了 Internet 的开放性，Internet 上的 FTP 主机何止千万，不可能要求每个用户在每一台主机上都拥有账号。匿名 FTP 就是为解决这个问题而产生的。

匿名 FTP 是这样一种机制,用户可通过它连接到远程主机上,并从其下载文件,而无需成为其注册用户。系统管理员建立了一个特殊的用户 ID,名为 anonymous,Internet 上的任何人在任何地方都可使用该用户 ID。

值得注意的是,匿名 FTP 不适用于所有 Internet 主机,它只适用于那些提供了这项服务的主机。

Serv-U 是一种被广泛运用的 FTP 服务器端软件,支持 3x/9x/ME/NT/2K 等全 Windows 系列。可以设定多个 FTP 服务器、限定登录用户的权限、登录主目录及空间大小等,功能非常完备。它具有非常完备的安全特性,支持 SSL FTP 传输,支持在多个 Serv-U 和 FTP 客户端通过 SSL 加密连接保护用户的数据安全等。

Serv-U 是目前众多的 FTP 服务器软件之一。通过使用 Serv-U,用户能够将任何一台 PC 设置成一个 FTP 服务器,这样,用户或其他使用者就能够使用 FTP 协议,通过在同一网络上的任何一台 PC 与 FTP 服务器连接,进行文件或目录的复制、移动、创建和删除等。使得用户能够通过不同类型的计算机,使用不同类型的操作系统,对不同类型的文件进行相互传递。

4.4　实验环境与设备

实验设备:高配置计算机 1 台,PC 机 3 台(均运行 Windows XP Professional),局域网交换机 1 台;

实验拓扑图如图 4-1 所示。

高配置主机的 IP 地址为 192.168.1.2/24。

三台 PC 机的 IP 地址为 192.168.1.11/24、192.168.1.12/24、192.168.1.13/24。

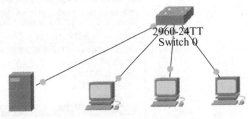

图 4-1　FTP 实验拓扑图

4.5　实验步骤

步骤 1:安装 Windows FTP 服务器。

默认情况下,Windows XP 没有安装 FTP 服务,要将高配置主机配置成 FTP 服务器,必须先安装 FTP 服务器。方法如下:

(1) 单击"开始"→"控制面板"→"添加或删除程序",打开"添加或删除程序"对话框,单击左侧的"添加/删除 Windows 组件",打开"Windows 组件向导"对话框,如图 4-2 所示。

(2) 选中"Internet 信息服务(IIS)",单击"详细信息…"按钮,如图 4-3 所示。

(3) 打开"Internet 信息服务(IIS)"对话框,选中"文件传输协议(FTP)服务",单击"确定"按钮,回到如图 4-2 所示的"Windows 组件向导"对话框,单击"下一步"按钮,开始安装

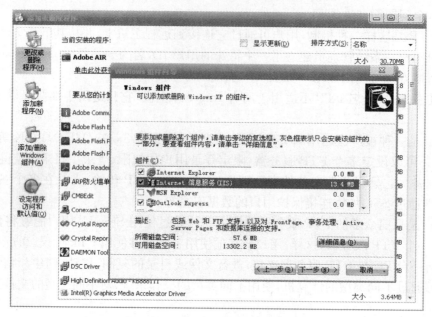

图 4 - 2　"Windows 组件向导"对话框

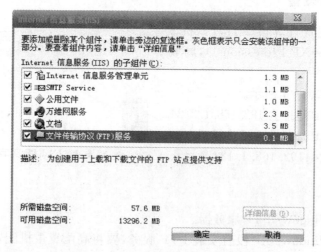

图 4 - 3　"Internet 信息服务(IIS)"对话框

FTP 组件,在安装过程中会要求插入 Windows XP 光盘或者点击 IIS 5.1 安装包目录。

　　(4) 安装完成后打开完成"Windows 组件向导"对话框,如图 4 - 4 所示,单击"完成"按钮,结束 FTP 服务的安装。

图 4-4　完成"Windows 组件向导"对话框

图 4-5　Internet 信息服务(IIS)管理器

步骤 2:创建 FTP 站点。

(1) 单击"开始"→"控制面板"→"管理工具"→"Internet 信息服务",打开"Internet 信息服务(IIS)管理器",如图 4-5 所示,会看到已经创建了一个默认的 FTP 站点,可以通过修改默认 FTP 站点来创建自己的 FTP 站点。

(2) 在默认 FTP 站点上单击右键,选择"属性",如图 4-6 所示。

图 4-6　默认 FTP 站点属性

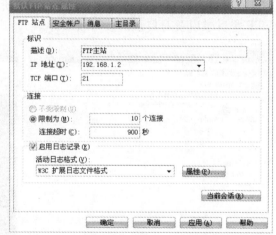

图 4-7　FTP 站点设置

(3) 输入"描述"为 FTP 主站,设置 IP 地址为 192.168.1.2,端口默认为 21,一般不需要更改。连接数和连接超时时间采用默认设置。同 Web 服务器一样,注意勾选"启用日志记录(E)",如图 4-7 所示。

(4) 单击"安全帐户"选项卡,可以设置是否允许匿名登录到该 FTP 站点,以及登录的用户名和密码,如图 4-8 所示。

图 4-8　安全账户设置

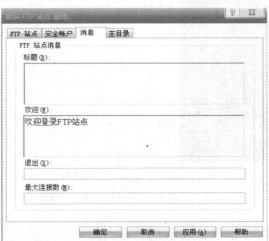

图 4-9　消息设置

(5) 单击"消息"选项卡,如图 4-9 所示,消息属性用来设置用户登录 FTP 站点和退出 FTP 站点时显示的欢迎或提示信息。例如,在欢迎框中输入"欢迎登录 FTP 站点",当用户连接到该 FTP 站点时,将会首先显示这行文字。

(6) 单击"主目录"选项卡,如图 4-10 所示,打开"主目录属性"对话框,允许重新设置 FTP 主目录以及对目录的读写权限等。

图 4-10　主目录设置

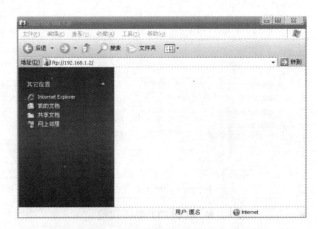

图 4-11　用浏览器连接到 FTP 服务器

步骤 3:连接 FTP。

(1) 用浏览器连接 FTP 服务器,使用运行 Windows XP 的计算机,打开网页浏览器 IE,在地址栏输入 ftp:∥192.168.1.2,回车后连接到 FTP 服务器。如图 4-11 所示。

（2）文件传输。在本地硬盘找到并选中要上传的文件，选择"复制"操作，点击如图 4-11 所示的连接到 FTP 服务器的浏览器，选择菜单"编辑"→"粘贴"，可将选中的文件上传到 FTP 服务器指定的目录中。选中 FTP 服务器上的文件，右键单击，选择"复制"，在本地硬盘上执行"粘贴"操作，即可将 FTP 服务器上的文件下载到本地硬盘。

（3）使用命令行连接到 FTP 服务器。在运行 Windows XP 的计算机选择"开始"→"运行"，在随后打开的"运行"对话框中输入 cmd，回车。

然后输入 ftp 192.168.1.2；输入用户名为 anonymous；密码为任意电子邮箱。

可以看到前面设置的欢迎词："欢迎登录 FTP 站点"，连接成功。如图 4-12 所示。

图 4-12　用命令行连接到 FTP 服务器

图 4-13　选择安装语言

步骤 4：用 Serv-U 建立 FTP 服务器。

（1）下载软件。可以在 Serv-U 的官网（http：//www. serv-u. com）上下载 Serv-U 安装包。

（2）安装 Serv-U 软件。鼠标双击"ServUSetup. exe"文件，开始安装 Serv-U。首先选择安装语言，如图 4-13 所示，单击"确定"出现 Serv-U 安装向导，如图 4-14 所示，按提示点击"下一步"即可继续安装，出现如图 4-15 所示窗口，则安装完成。

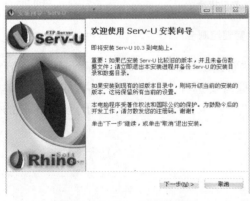

图 4-14　Serv-U 安装向导

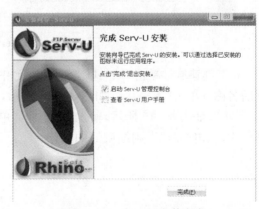

图 4-15　Serv-U 安装完成

默认情况下,安装完成后会自动在桌面创建 Serv-U 图标。

(3) 运行 Serv-U。鼠标双击桌面上建立的 Serv-U 快捷方式,启动 Serv-U,第一次运行时会打开一系列的对话框,让用户做相应的选择和设置,可全部选择默认值,也可跳过设置。最后打开如图 4-16 所示的 Serv-U 管理控制台。注意,在运行 Serv-U 前,关闭先前的 FTP 服务器。

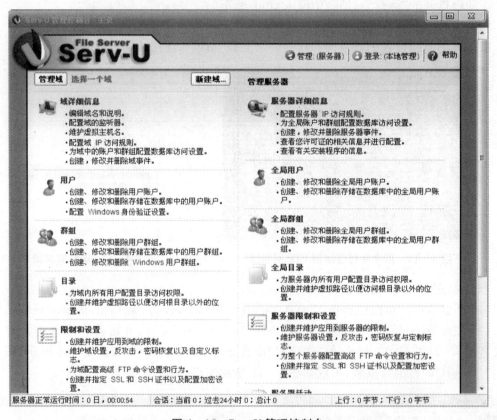

图 4-16　Serv-U 管理控制台

(4) 创建域。单击 Serv-U 管理控制台中的"新建域"按钮,如图 4-17 所示,输入新建域的名称。单击"下一步",如图 4-18 所示,根据需要选择文件服务器支持的协议。单击"下一步",如图 4-19 所示,输入 IP 地址。单击"下一步",如图 4-20 所示,设置密码的加密模式,单击"完成",则结束域的创建。

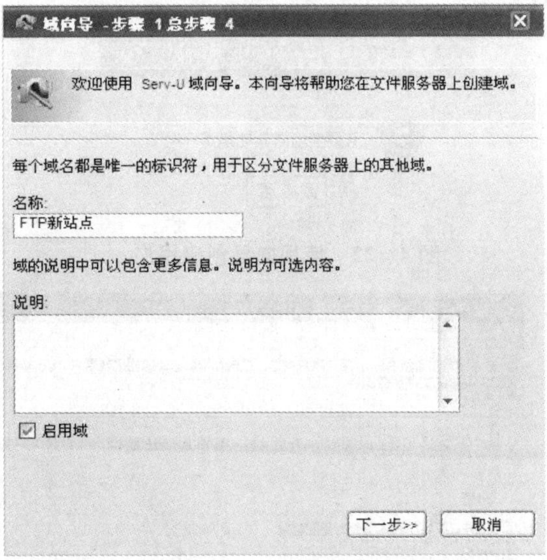

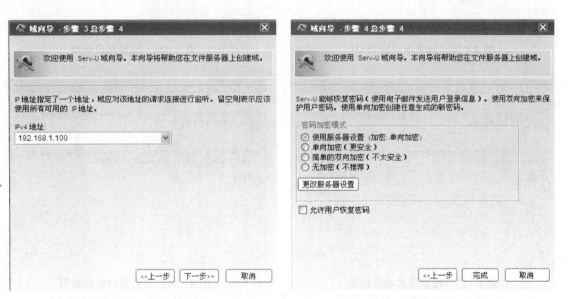

图 4-17　设置域名称 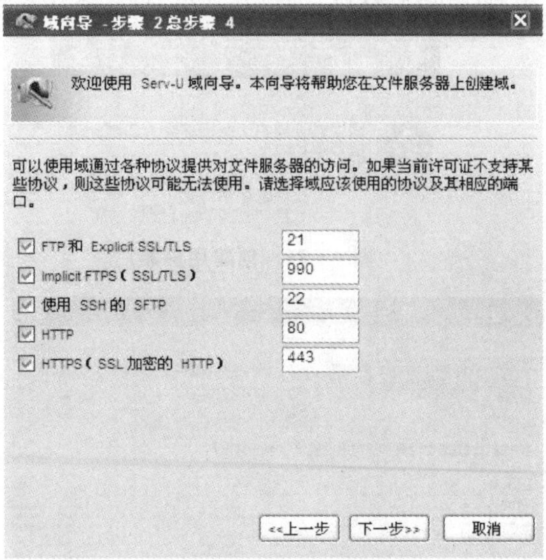　　　　　　　　　　图 4-18　设置域参数

图 4-19　设置 IP 地址　　　　　　　　　图 4-20　设置密码加密模式

　　(5)创建用户。创建新域后,会弹出窗体询问是否创建用户,如图 4-21 所示,选择"是",如图 4-22 所示,单击"是",使用向导创建用户。设置用户登录 ID,如图 4-23 所示,全名和电子邮件地址选填。单击"下一步",如图 4-24 所示,输入用户密码。单击"下一步",如图 4-25 所示,选择用户成功登录服务器后的根目录。单击"下一步",如图 4-26 所

示,设置访问权限。点击"完成"即结束用户创建。

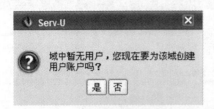

图 4‑21　创建用户账户

图 4‑22　使用向导创建用户

图 4‑23　设置用户登录 ID

图 4‑24　设置用户密码

图 4‑25　设置服务器根目录

图 4‑26　设置用户访问权限

　　(6) 使用命令行连接到 FTP 服务器。在运行 Windows XP 的计算机选择"开始"→"运行",在随后打开的"运行"对话框中输入 cmd,回车。然后输入 ftp 192.168.1.100;输入用户名为 jimy;密码为 123456。连接成功,如图 4‑27 所示。

图 4 - 27　用命令行登录 FTP 服务器

4.6　思考题

（1）设置 FTP 服务器的不同权限，采用不同的用户登录，了解 FTP 安全设置的作用。

（2）学习 Serv-U 服务器的设置。

（3）上网查询有没有其他的 FTP 服务器软件，如果有，则试用并描述它们的使用方法。

（4）下载一个 FTP 客户软件，安装并学习使用。

实验 5　DNS 服务器的安装和配置

5.1　实验目的

(1) 认识 DNS 服务的基本原理；

(2) 理解 DNS 服务的地址解析过程；

(3) 掌握安装和设置 DNS 服务器的方法；

(4) 掌握配置 DNS 客户端的方法。

5.2　实验内容

(1) 安装 DNS 服务器；

(2) 管理和设置 DNS 服务器；

(3) 配置 DNS 客户端。

5.3　相关知识点

域名系统(Domain Name System,DNS)是一种组织成域层次结构的计算机网络服务命名系统,是 Internet 上最重要的服务之一,它帮助人们在 Internet 上用名字来唯一标识自己的计算机,并保证主机名和 IP 地址一一对应。目前,Internet 上的主机用 32 位 IP 地址来标识,对用户来说很不容易记忆,若能以符号域名代替主机地址就方便多了。但是,计算机是使用 IP 地址在网络上进行通信的。因此,必须有一个服务系统专门提供主机符号域名与 IP 地址之间的转换,即 DNS。Internet 的应用服务,如电子邮件系统、远程登录、文件传输、WWW 等都需要 DNS 提供的服务。

DNS 被设计成为一个联机分布式数据库系统,并采用客户/服务器方式。DNS 使大多数域名都在本地解析(resolve),仅少量解析需要在 Internet 上通信,系统的效率很高。由于 DNS 是分布式系统,即使单个服务器出现故障,也不会妨碍整个 DNS 系统的正常运行。

在 DNS 中,客户程序称为域名解析器(Name resolve),服务器程序称为域名服务器(Name server)。DNS 的域名数据库以分布方式存储在许多域名服务器所在的主机上。域名解析器为应用程序向域名服务器查询域名,域名服务器利用它的域名数据库信息,将域名对应的 IP 地址返回给解析器。

5.3.1　域名与域名空间

域名系统是一个多层次、基于域的命名系统,并使用分布式数据库实现这种命名机制。DNS 的域名空间(Name Space)就是域名的集合,其结构与域名的命名方案有关。DNS 将整个 Internet 视为一个域名空间,在 DNS 中,任何一个连接在网络上的主机或路由器都有一个唯一的层次结构的名字,即域名(Domain Name)。"域"是名字空间中一个可被管理的划分,域还可以划分为子域,而子域还可继续划分为子域的子域,这样就形成了顶级域、二级域、三级域等。从语法上讲,每一个域名都是由标号(lable)序列组成,而各标号之间用"点"隔开。级别最低的域名写在最左边,而级别最高的顶级域名则写在最右边。由多个标号组成的完整域名总共不超过 255 个字符。DNS 既不规定一个域名需要包含多少个下级域名,也不规定每一级的域名代表什么含义。各级域名由其上一级的域名管理机构管理,而最高的顶级域名则由 ICANN(The Internet Corporation for Assigned Names and Numbers,互联网名称与数字地址分配机构)进行管理。需要注意的是,域名只是个逻辑概念,是按照机构的组织来划分的,并不代表计算机所在的物理地点。

在国家顶级域名注册的二级域名均由该国家自行确定。我国把二级域名划分为"类别域名"和"行政区域名"两大类。关于我国的互联网络发展现状以及各种规定(如申请域名手续),均可在中国互联网网络信息中心 CNNIC(China Internet Network Information Center)的网址上查到。

用域名树来标识 Internet 的域名系统最清楚。如图 5-1 所示是 Internet 域名空间的结构。它实际上是一个倒过来的树,在最上面是根,没有对应的名字,根下面一级节点是最高一级的顶级域名,顶级域名可往下分子域,即二级域名,再往下划分是三级域名、四级域名等。

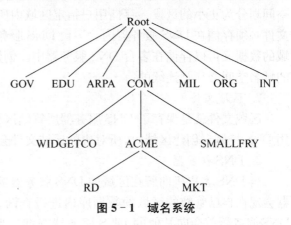

图 5-1　域名系统

5.3.2　DNS 服务器和域名解析

1. DNS 服务器

DNS 服务器负责管理存放主机域名和 IP 地址的数据库文件,以及域中的主机域名和 IP 地址映射。DNS 服务器分布在不同地方,它们之间通过特定的方式进行联络,这样保证用户可以通过本地的 DNS 服务器查找到 Internet 上所有的域名信息。所有 DNS 服务器中的数据库文件中的主机和 IP 地址的集合组成 DNS 域名空间。

DNS 服务器的主要任务是记录本域的域名注册信息、提供地址/域名解析服务和域名信息查询服务。若被查询的数据不在 DNS 服务器授权管辖的区域内,则要追踪到根 DNS 服务器进行查询。根 DNS 服务器分布在网络的不同地方,具有公开 IP 地址,记录所有第二级域名的 DNS 信息。每个 DNS 服务器都有根 DNS 服务器的域名和地址,可以追踪到域名树任何部分的信息。

为了提高性能,DNS 服务器使用域名缓存来查询优化,即每个 DNS 服务器都有一个域名缓存器,其中存有根 DNS 服务器的域名和地址,还存有从其他服务器来的查询答案,以回答将来对同一信息的查询。

2. 域名解析

DNS 域名服务在 Internet 中起着至关重要的作用,其他任何服务都有赖于域名服务。域名解析通常发生在用户输入一些命令之后,如"www. njit. edu. cn",这时客户机首先要从 DNS 服务器获得"www. njit. edu. cn"对应的 IP 地址,才能与远程服务器建立连接。域名解析器应用户的请求从 DNS 服务器检索域名树数据库。

5.3.3　实验中涉及的术语

1. 区域

区域就是如图 5-1 所示"域树"结构中的某一部分。通过创建区域,可以让用户将域名空间划分为更小的区段。存储用户指定区域内所有主机的数据文件被称为"区域文件",该文件必须存储在 DNS 服务器内。一台 DNS 服务器内可以存储多个区域的数据,而一个区域的数据又可以存储在多台 DNS 服务器中。创建区域时需要注意,同一区域内的所有子域的域名空间必须是连续的。

2. 区域文件

区域文件就是保存了 DNS 服务器所管辖区域内的、与主机相关资源记录的文件。当使用 DNS 控制台创建区域时,所对应的区域文件会自动生成,默认区域文件名是"区域. dns"。

3. DNS 转发器

当 DNS 客户机向所在区域的 DNS 服务器发出对 IP 地址的查询请求后,该 DNS 服务器会现在自己管辖的区域的数据库内进行查询。如果该 DNS 服务器没有该数据,则这个 DNS 服务器就会向其他的 DNS 服务器查询。当网络中的某台主机需要与外界主机通信时,就可能需要向外界的 DNS 服务器进行查询。网络中的其他 DNS 服务器通过转发器与外界通信。

5.4　实验环境与设备

实验设备:以太网交换机 1 台;服务器 1 台(Windows 2000 Server 操作系统);PC 机 4 台(Windows XP 操作系统);网线 5 根。

实验前事先设置好相应 PC 机和服务器的 IP 地址。

5.5 实验步骤

5.5.1 DNS 服务器的安装和启用

步骤 1：安装 DNS 服务器软件。

（1）在服务器上，用管理员账号登录，选择"开始"→"设置"→"控制面板"→"添加或删除程序"。

（2）打开"添加或删除程序"对话框，如图 5-2 所示，单击左边窗格中的"添加/删除 Windows 组件"，打开"Windows 组件向导"对话框，如图 5-3 所示。

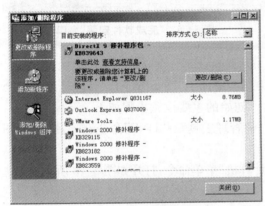

图 5-2 "添加/删除程序"窗口

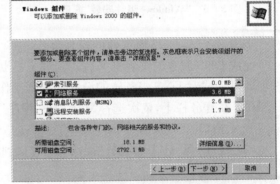

图 5-3 "Windows 组件向导"窗口

（3）从"组件"列表中选择"网络服务"，然后单击"详细信息..."按钮。

（4）打开"网络服务"对话框，如图 5-4 所示。在"网络服务"对话框的"网络服务的子组件"列表中选择"域名系统（DNS）"选项，单击"确定"按钮，回到如图 5-3 所示的"Windows 组件向导"对话框。

（5）在"Windows 组件向导"对话框中，单击"下一步"按钮，开始安装，如图 5-5 所示。如果系统提示插入 Windows 2000 Server 光盘，则插入光盘后确定，完成软件安装，如图 5-6 所示。单击"完成"按钮。

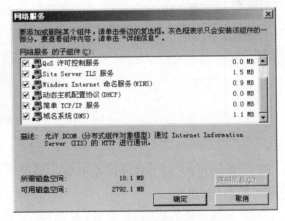

图 5-4 "网络服务"窗口

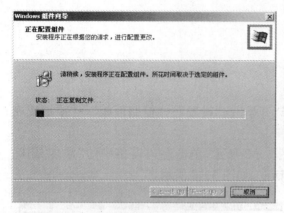

图 5-5　"Windows 组件安装"窗口

图 5-6　"完成软件安装"窗口

步骤 2：启动 DNS 服务器的控制台。

完成 DNS 服务的安装工作后，"管理工具"中就会增加了"DNS"选项。管理员通过这个选项即可完成对 DNS 服务器的设置和管理工作。初始的主要设置步骤如下：

（1）在任务栏上，依次选择"开始"→"程序"→"管理工具"→"DNS"命令选项，打开如图 5-7 所示窗口。

（2）在"DNS"窗口中，选择"操作"→"连接到计算机"菜单命令，打开如图 5-8 所示窗口。

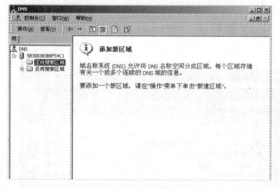

图 5-7　DNS 控制台窗口

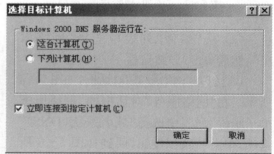

图 5-8　"DNS"配置窗口

（3）在窗口中，可进行选择和设置。如用户希望使用不在本地运行的 DNS 服务器时，选择"下列计算机"。

（4）输入该计算机的 IP 地址，并选择"立即连接到这台计算机"选项。最后，单击"确定"按钮，返回 DNS 控制台。

5.5.2　管理 DNS 服务器

步骤 1:配置 DNS 服务器。

使用 DNS 控制台可以建立和配置 DNS 服务器有关的各种数据。其配置过程如下:

(1) 选择一个 DNS 服务器;

(2) 新建正向搜索和反向搜索区域(Zone);

(3) 输入区域名称后,系统会为此生成对应的区域文件;

(4) 在所建区域中建立一些必要的记录。

步骤 2:创建正向搜索区域。

DNS 服务器管理的最小单位就是区域,因此,用户应当先创建区域。

下面是创建"computer. njit. edu. cn"的示例。其中,分为创建区域"njit. edu. cn"和创建该区域子域"computer"两个过程。

(1) 创建正向搜索区域——"njit. edu. cn"

① 在如图 5-7 所示的 DNS 控制台窗口中,依次选择"操作"→"新建区域"命令选项(或者右击 DNS 控制台窗口中的"正向查找区域",在打开的快捷菜单中选择"新建区域")。

② 打开"欢迎使用新建区域向导"对话框,如图 5-9 所示,单击"下一步"按钮。

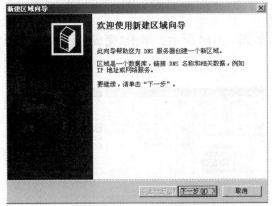

图 5-9　"欢迎使用新建区域向导"窗口　　　　　图 5-10　"区域类型"配置窗口

③ 进入向导后,打开"区域类型"对话框,如图 5-10 所示,选择"标准主要区域"单选项,单击"下一步"按钮。

说明:

◇ "Active Directory 集成的区域"选项:表示将创建新建区域的主副本,且将数据放在AD 中;

◇ "标准区域文件"选项:区域文件存放在%SystemRoot%\System32\DNS 目录中;

◇"标准辅助区域"选项：表示其数据将从其他 DNS 服务器上，通过"zone transfer"的方式复制而来。

④ 打开"区域名称"对话框，如图 5 - 11 所示，在"区域名称"文本框中输入需要解析的域名，如"njit. edu. cn"，单击"下一步"按钮。

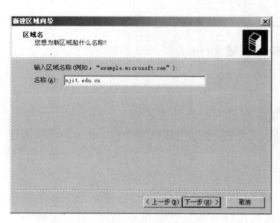

图 5 - 11　"区域名称"窗口

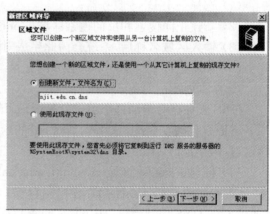

图 5 - 12　"区域文件"配置窗口

⑤ 打开"区域文件"对话框，如图 5 - 12 所示。使用默认文件名"njit. edu. cn"，单击"下一步"按钮。

⑥ 打开"正在完成新建区域向导"对话框，如图 5 - 13 所示。单击"完成"按钮，完成新建查找区域。

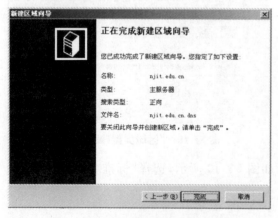

图 5 - 13　"新建区域完成"窗口

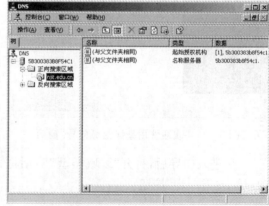

图 5 - 14　DNS 控制台窗口

⑦ 在完成正向区域的创建后，在管理工具中打开 DNS 控制台，可见到"njit. edu. cn"即为所创建的正向区域，如图 5 - 14 所示。

（2）创建正向搜索区域"njit. edu. cn"的子域"computer"

①　在如图 5-7 所示的 DNS 控制台窗口中，选择需要建立子域的区域，如"njit. edu. cn"，右击鼠标，在打开的快捷菜单中，选择"新建域..."选项。

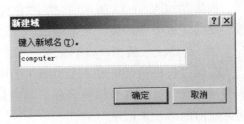

图 5-15　"新建域"窗口

②　打开"新建域"窗口，如图 5-15 所示。输入子域的域名，如"computer"，单击"确定"按钮，返回 DNS 控制台，其结果如图 5-16 所示。

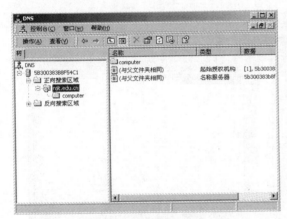

图 5-16　DNS 控制台窗口

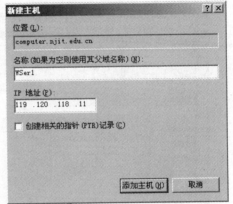

图 5-17　"新建主机"窗口

步骤 3：在区域内创建新记录。

（1）主机（A 类型）记录

用来记录在正向搜索范围内的主机及 IP 地址，以便提供正向查询服务，即从 DNS 域名、主机名到 IP 地址的查询。创建步骤如下：

①　在如图 5-16 所示的窗口中，选中所要添加主机的正向区域，如"computer. njit. edu. cn"，右击鼠标，在打开的快捷菜单中，选择"新建主机..."选项，打开如图 5-17 所示窗口。

②　在"新建主机"窗口中的"名称"栏输入名称"WSer1"，在"IP 地址"栏输入"119. 120. 118. 11"，然后单击"添加主机"按钮。

③　在随后出现的 DNS 成功创建了主机记录的提示窗口如图 5-18 所示，单击"确定"按钮。

图 5-18　"新建主机记录"成功窗口

如果在如图 5 - 17 所示中,选中"创建相关的指针记录"复选框,此时,会同时在正向区域和反向区域中各添加一条记录。

(2) 起始授权机构(SOA)记录

起始授权机构(Start of Authority)用来记录此区域中主要名称服务器以及管理此 DNS 服务器的管理员的电子邮箱名称。每当创建一个区域就会自动建立 SOA 记录,它也是所建区域内的第一条记录。

修改和查看该记录的方法在如图 5 - 16 所示的 DNS 控制台窗口中,选中所选区域,在窗口右侧空白区域右击,在打开的快捷菜单中选择"属性"选项,打开如图 5 - 19 所示的SOA 记录属性窗口。

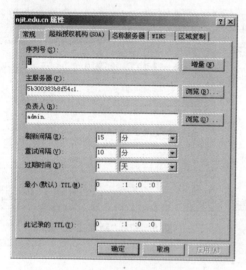

图 5 - 19　"SOA 记录"窗口

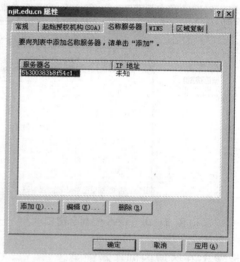

图 5 - 20　"名称服务器记录"窗口

(3) 名称服务器(NS)记录

名称服务器记录(Name Server)用来记录管辖此区域的名称服务器,包括主要名称和辅助名称服务器。在 DNS 控制台中,每当创建一个区域就会自动建立这个记录。如果需要修改和查看该记录的属性,在如图 5 - 20 所示的窗口中,选择"名称服务器"选项卡。

(4) CNAME 记录

CNAME 记录用来记录某台主机的别名,完成别名到标准或完整 DNS 域名的解析。一台主机可以有很多个别名。别名的设置步骤如下:

① 在图 5 - 16 所示的窗口中,选择所要添加主机的正向区域,如"njit. edu. cn"区域中的子域"computer",右击鼠标,在打开的快捷菜单中,选择"新建别名..."选项,打开如图5 - 21 所示窗口。

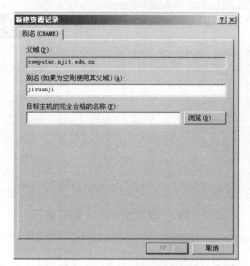 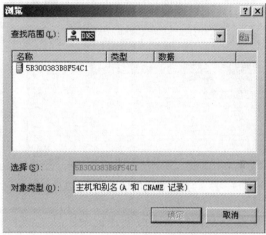

图 5 - 21　"别名记录"窗口　　　　　　　**图 5 - 22　"别名记录"浏览窗口**

　　② 在新建资源记录的"别名"记录窗口,单击"浏览"按钮,打开如图 5 - 22 所示窗口,可以定位主机。定位主机后,单击"确定"按钮,返回如图 5 - 21 所示的窗口。

　　③ 在图 5 - 21 所示窗口中,单击"确定"按钮,返回到图 5 - 16 所示的 DNS 控制台。

　　在区域中可以创建的记录类型还有很多,需要时可以查阅 DNS 控制台中的帮助信息。

　　步骤 4:创建反向搜索区域。

　　所谓反向查找就是根据 IP 地址查找其域名。其设置方法与设置正向查找区域类似,具体步骤如下:

　　(1) 在图 5 - 7 所示的 DNS 控制台窗口中,右击 DNS 控制台窗口中的"反向查找区域",在打开的快捷菜单中选择"新建区域"。

　　(2) 打开"新建区域"欢迎界面,单击"下一步"按钮。

　　(3) 打开"区域类型"对话框,选择"主要标准区域"单选项,单击下一步。

　　(4) 打开"反向查找区域名称"对话框,如图 5 - 23 所示。在"网络 ID"文本框中输入要进行反向查找的网络 ID,如"192.168.10",单击"下一步"按钮。

　　(5) 打开反向查找"区域文件"对话框,如图 5 - 24 所示,使用默认的文件名"10.168.192.in-addr.arpa.dns",单击"下一步"按钮。

　　(6) 打开"动态更新"对话框,选择"不允许动态更新"单选项,单击"下一步"按钮。

　　(7) 打开"新建反向查找区域"对话框,单击"完成"按钮,完成反向查找区域的建立。

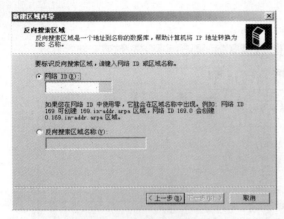

图 5 - 23　"反向查找区域名称"窗口

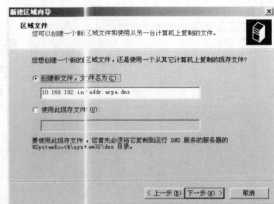

图 5 - 24　"反向查找区域文件"窗口

步骤 5：反向搜索区域创建记录。

（1）在 DNS 控制台的域树中选定"反向搜索区域"中的网络 ID，如"192.168.10. xSub-net"。

（2）单击鼠标右键，在打开的快捷菜单中选择"新建指针"选项。

（3）在打开的"新建资源记录"的"指针"窗口中，如图 5 - 25 所示，在"主机 IP 号"中，输入反向搜索区域主机的 IP 号，然后，在"主机名"文本框中输入对应主机的名称，如"ftp. computer. njit. edu. cn"，最后单击"确定"按钮，完成创建指针的操作。

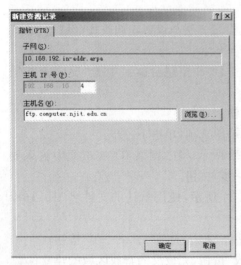

图 5 - 25　"新建资源记录"的"指针"窗口

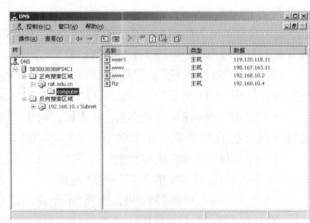

图 5 - 26　"添加主机后的正向查找区域"窗口

（4）添加主机后的 DNS 控制台正向查找区域和反向查找区域如图 5 - 26 和图

5 – 27 所示。

图 5 – 27　"添加主机后的反向查找区域"窗口

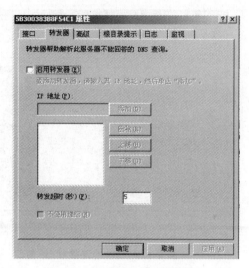

图 5 – 28　"转发器"设置窗口

步骤 6：DNS 服务器的其他设置。

DNS 服务器经过上述设置后，已经能够完成网络内部的域名解析工作。对于大中型的网络来说，还有其他一些重要设置，如 DNS 转发器的设置、启动文件的设置、指定根域服务器的设置、动态更新的设置等。DNS 转发器的设置如下：

当网络内的用户需要访问 Internet 的资源时，网络管理员还需要设置转发服务器。这样，当网内各个 DNS 服务器中，没有客户所查询的数据时，就可以通过 DNS 系统的转发器向 Internet 或其他的 DNS 服务器进行查询。

（1）在 DNS 控制台窗口中，选中需要配置的 DNS 服务器，如"WServ1"。

（2）右击鼠标，在打开的快捷菜单中选择"属性"选项，如图 5 – 28 所示。其中的"转发器"选项卡就是设置转发器 IP 地址的位置。

（3）按照要求设置完所有的转发器后，单击"确定"按钮。

5.5.3　配置 DNS 客户端

DNS 客户端指所有使用 DNS 服务器的计算机，可以是其他类型的服务器，也可能是工作站等。

（1）以本机管理员的身份登录系统。

（2）依次选择"开始"→"连接到"→"显示所有连接"→"本地连接"命令选项。

（3）在打开的"本地连接状态"窗口中（如图 5 – 29），单击"属性"按钮。

（4）在打开的"本地连接属性"窗口中（如图 5 – 30），选中"Internet 协议（TCP/IP）"，单击"属性"按钮。

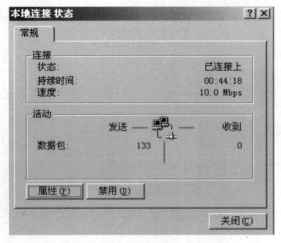

图 5-29　"本地连接状态"窗口

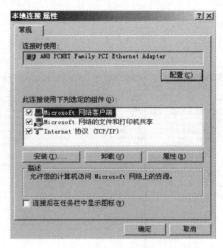

图 5-30　"本地连接属性"窗口

（5）在打开"Internet 协议（TCP/IP）属性"窗口中的"使用下面的 DNS 服务器地址"下方，输入使用的 DNS 服务器的 IP 地址，如"119.120.115.1"，如图 5-31 所示。然后单击"高级"按钮。

图 5-31　"Internet 协议（TCP/IP）属性"窗口

图 5-32　"高级 TCP/IP 设置"窗口

（6）在打开的"高级 TCP/IP 设置"窗口中（如图 5-32），选择"DNS"选项卡，单击"DNS服务器地址"栏下方的"添加"按钮。

（7）在打开的"TCP/IP DNS 服务器"添加窗口中，如图 5 - 33 所示，输入需要添加的"DNS 服务器"的 IP 地址后，单击"添加"按钮。

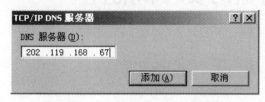

图 5 - 33　"DNS 服务器添加"窗口

图 5 - 34　"DNS 服务器域后缀添加"窗口

（8）在图 5 - 32 所示的"高级 TCP/IP 设置"窗口中，重复上述步骤，依次添加需要添加的所有 DNS 服务器。然后，单击"附加这些 DNS 后缀"栏下方的"添加"按钮，在如图 5 - 34 所示窗口中，依次添加需要添加的所有 DNS 服务器的域名后缀，如"computer. njit. edu. cn"。

（9）设置之后，依次单击"确定"按钮，逐级返回并关闭所有的设置窗口，结束 DNS 客户端的设置。

（10）打开浏览器，输入所建立的域名或 IP 地址，可以浏览到系统默认的主页。

5.6　思考题

（1）上网查询有没有其他的 DNS 服务器，如何使用？
（2）总结在实验的配置过程中遇到的问题以及解决的方法。
（3）DNS 与活动目录的联系和区别是什么？

实验6 邮件服务器的安装和配置

6.1 实验目的

（1）理解电子邮件服务的工作原理；

（2）掌握 POP3 邮件接收服务器和 SMTP 邮件发送服务器的基本配置；

（3）熟悉一种常用邮件服务器软件的安装、配置和使用过程。

6.2 实验内容

（1）安装 Winmail Server 软件；

（2）管理和设置 Winmail Server 软件；

（3）使用邮件客户端软件进行邮件收发，验证邮件服务器。

6.3 相关知识点

电子邮件（electronic mail，简称 E-mail）是一种用电子手段提供信息交换的通信方式，是 Internet 应用最广的服务。电子邮件的工作过程遵循客户/服务器（Client/Server）模式。每封电子邮件的发送都要涉及发送方与接收方，发送方构成客户端，而接收方构成服务器，服务器含有众多用户的电子信箱。发送方通过邮件客户程序，将编辑好的电子邮件向邮局服务器（SMTP 服务器）发送。邮局服务器识别接收者的地址，并向管理该地址的邮件服务器（POP3 服务器）发送消息。邮件服务器将消息存放在接收者的电子信箱内，并告知接收者有新邮件到来。接收者通过邮件客户程序连接到服务器后，就会看到服务器的通知，进而打开自己的电子信箱来查收邮件。

通常 Internet 上的个人用户不能直接接收电子邮件，而是通过申请 ISP 主机的一个电子信箱，由 ISP 主机负责电子邮件的接收。一旦有用户的电子邮件到来，ISP 主机就将邮件移到用户的电子信箱内，并通知用户有新邮件。因此，当发送一封电子邮件给另一个客户时，电子邮件首先从用户计算机发送到 ISP 主机，再通过 Internet 传送到收件人的 ISP 主机，最后发送到收件人的个人计算机。

ISP 主机起着"邮局"的作用，管理着众多用户的电子信箱。每个用户的电子信箱实际上就是用户所申请的账号。每个用户的电子邮件信箱都要占用 ISP 主机一定容量的硬盘空间，由于这一空间是有限的，因此用户要定期查收和阅读电子信箱中的邮件，以便腾出空间来接收新的邮件。

电子邮件在发送与接收过程中都要遵循 SMTP、POP3 等协议,这些协议确保了电子邮件在各种不同系统之间的传输。其中,SMTP 负责电子邮件的发送,而 POP3 则用于接收 Internet 上的电子邮件,如图 6-1 所示。

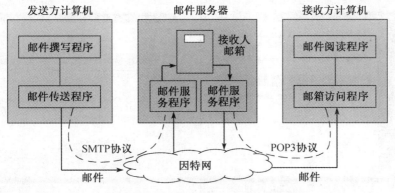

图 6-1　电子邮件服务的工作原理

6.4　实验环境与设备

每组实验设备包括 PC 机一台(Windows 操作系统、Winmail Server)。

6.5　实验步骤

目前国内有不少非常流行的邮件服务器软件,特别适用于那些既需要在局域网中互相发送电子邮件,又需要同 Internet 互发邮件的用户,Winmail Server 就是其中之一。Winmail Server 是一款安全易用、功能全的邮件服务器软件,不仅支持 SMTP/POP3/IMAP/发信认证/反垃圾邮件等标准邮件功能,还有提供邮件签核/邮件杀毒/邮件监控等特色功能。

步骤 1:安装 Winmail Server 软件。

(1) 首先到 http://www.magicwinmail.com 上下载最新的"Winmail Server 安装程序"。

(2) 双击 Winmail Server 安装包,进入安装界面,如图 6-2 所示。单击"是"按钮,继续安装。

图 6-2　"安装"窗口

图 6-3　"安装语言选择"窗口

（3）进入语言选择窗口，选择需要软件的安装语言，如图 6-3 所示。这里选择"Chinese (Simplified)"，然后单击"确定"按钮。

（4）进入"安装程序欢迎"窗口，如图 6-4 所示，单击"下一步"按钮。

 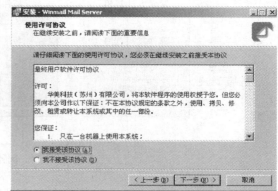

图 6-4　"安装程序欢迎"窗口　　　　图 6-5　"软件安装协议"窗口

（5）阅读 Winmail Server 的使用许可，同意后选择"我接受该协议"，然后单击"下一步"继续安装，如图 6-5 所示。

（6）进入"软件信息"窗口，如图 6-6 所示。该窗口主要介绍软件的重要信息，仔细阅读完毕后，单击"下一步"按钮。

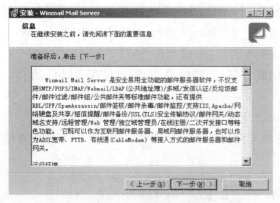 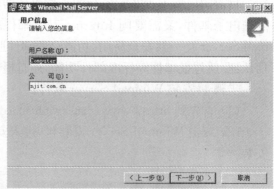

图 6-6　"软件信息"窗口　　　　图 6-7　"用户信息"窗口

（7）进入"用户信息"窗口，如图 6-7 所示，用于填写用户的信息。填写完毕后，单击"下一步"按钮。

（8）进入"目标文件夹选择"窗口，如图 6-8 所示。在该窗口中选择程序的安装路径，可以单击"浏览"按钮进行查找。确定完安装路径后,单击"下一步"按钮。

　　尽量不要用中文目录,因为中文目录在注册控件的时候会找不到正确的路径,导致系统可能会不能正常的运行。

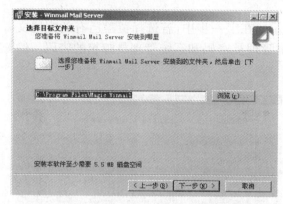

图 6-8　"目标文件夹选择"窗口

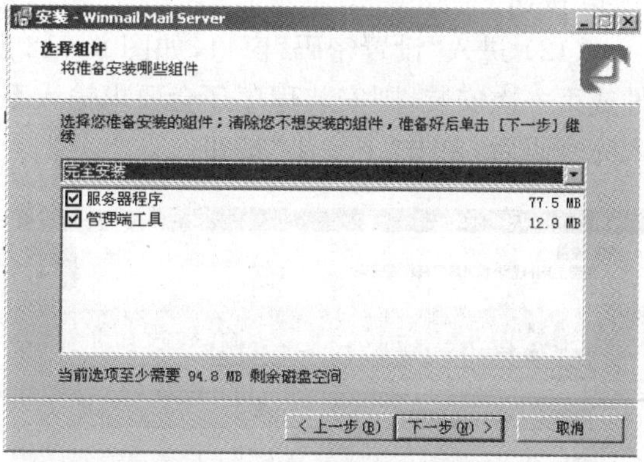

图 6-9　"选择组件"窗口

　　(9) 进入"选择组件"窗口,如图 6-9 所示。Winmail Server 主要的组件有服务器核心和管理工具两部分。服务器核心对主要是完成 SMTP、POP3、ADMIN、HTTP 等服务功能。管理工具主要是负责设置邮件系统,如设置系统参数、管理用户、管理域等。选择好需要安装的组件后,单击"下一步"按钮。

　　(10) Winmail Server 提供在"开始"菜单中创建快捷方式,如图 6-10 所示。选择好快捷方式创建的位置后,单击"下一步"按钮。

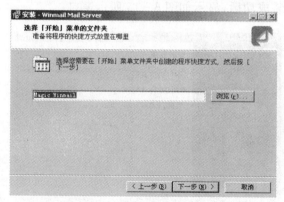
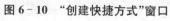
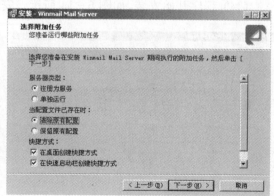

图 6-10　"创建快捷方式"窗口

图 6-11　"选择附加任务"窗口

　　(11) 进入"选择附加任务"窗口,如图 6-11 所示。服务器核心运行方式主要有两种:作为系统服务运行和单独程序运行。以系统服务运行仅当操作系统平台是 Windows NT4、

Windows 2000、Windows XP 以及 Windows 2003 时，才能有效；以单独程序运行适用于所有的 Win32 操作系统。同时在安装过程中，如果是检测到配置文件已经存在，安装程序会要求选择是否覆盖已有的配置文件，注意升级时要选择"保留原有设置"。设置好后单击"下一步"按钮。

　　（12）进入"设置密码"窗口，如图 6-12 所示。在上一步中，若选择覆盖已有的配置文件或第一次安装，则安装程序还会要求输入系统管理员密码和系统管理员邮箱的密码。输入完密码后，单击"下一步"按钮。

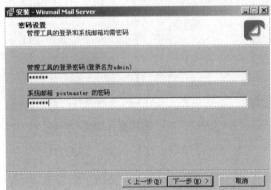

图 6-12　"设置密码"窗口　　　　　　图 6-13　"选择附加任务"窗口

　　（13）进入"准备安装"窗口，如图 6-13 所示。窗口中显示上述步骤中的所有设置，如果确认无误，单击"安装"按钮。

　　（14）程序开始安装，如图 6-14 所示。安装成功后，显示如图 6-15 所示窗口。

图 6-14　"安装程序"窗口　　　　　　图 6-15　"程序安装成功"窗口

　　（15）系统安装成功后，安装程序会让用户选择是否立即运行 Winmail Server 程序。如果程序运行成功,将会在系统托盘区显示图标 ；如果程序启动失败,则用户在系统托盘区看到图标 。这时用户可以到 Windows 系统的"管理工具"的"事件查看器"查看系统"应用程序日志",了解 Winmail Server 程序启动失败原因。

步骤 2:邮件系统的设置。

(1) 快速向导设置

在安装完成后,管理员必须对系统进行一些初始化设置,系统才能正常运行。服务器在启动时如果发现还没有设置域名会自动运行快速设置向导,如图 6-16 所示。用户可以用它来简单快速的设置邮件服务器。

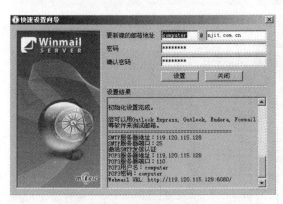

图 6-16 "快速设置向导"窗口

图 6-17 "管理工具登录"窗口

用户输入一个要新建的邮箱地址及密码,单击"设置"按钮,设置向导会自动查找数据库是否存在要建的邮箱以及域名,如果发现不存在则向导会向数据库中增加新的域名和新的邮箱,同时向导也会测试 SMTP、POP3、ADMIN、HTTP 服务器是否启动成功。设置结束后,在"设置结果"栏中会报告设置信息及服务器测试信息。

(2) 服务状态检查

运行管理工具,输入用户名和密码,如图 6-17 所示。登录成功后,使用"系统设置"→"系统服务"查看系统的 SMTP、POP3、ADMIN、HTTP、IMAP 等服务是否正常运行,如图 6-18 所示。若服务没有启动成功,使用"系统日志"→"SYSTEM"查看系统的启动信息,如图 6-19 所示。绿色的图标表示服务成功运行;红色的图标表示服务停止。

(3) SMTP 基本参数设置

运行 Winmail 管理工具,在"系统设置"→"SMTP 设置"→"基本参数"下设置有关参数,如图 6-20 所示,这些参数关系到邮件能否正常收发,因此请根据具体情况合理、规范的设置。

图 6-18　"系统服务"窗口

图 6-19　"系统日志"窗口

图 6-20　"SMTP 参数设置"窗口

图 6-21　"域名管理"窗口

（4）设置邮件服务器

① 设置域名。

运行 Winmail 管理工具，使用"域名设置"→"域名管理"设置域名，如图 6-21 所示。单击"新增"按钮，进入"域名"窗口，如图 6-22 所示。输入已注册的域名以及描述、域类型等，单击"确定"按钮即可。

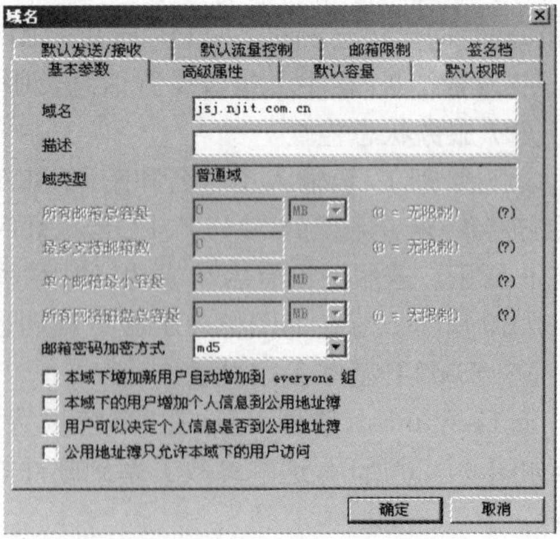

② 创建用户。

运行 Winmail 管理工具，使用"用户和组"→"用户管理"创建上述域中的新用户，如图 6-23 所示。单击"新增"按钮，进入"用户基本设置"窗口，如图 6-24 所示。按照提示逐

图 6-22　"域名添加"窗口

一设置好用户的信息。

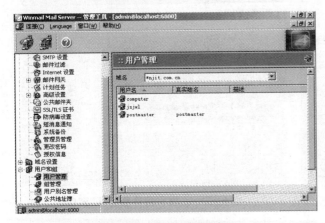

图 6－23　"用户管理"窗口

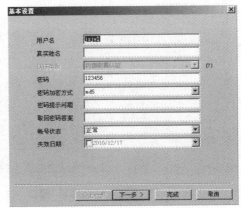

图 6－24　"用户基本设置"窗口

步骤 3：邮件的收发。

（1）Outlook Express 设置与收发

① 增加邮件账号

（a）运行 Outlook Express，单击"工具"→"账号"增加邮件账号，弹出"Internet 账号"窗口，如图 6－25 所示窗口。选择"邮件"选项卡，单击"添加"按钮选择"邮件"命令。

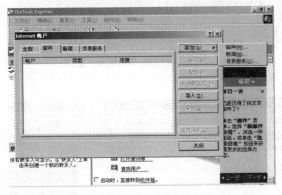

图 6－25　"Internet 账号"窗口

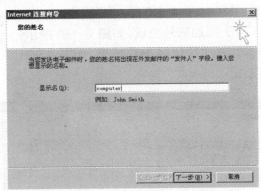

图 6－26　"Internet 连接向导"窗口

（b）进入到"Internet 连接向导"窗口，如图 6－26 所示。填写用户名，单击"下一步"按钮。

（c）进入"填写邮件地址"窗口，如图 6－27 所示。填写用户的电子邮件地址，完成后单击"下一步"按钮。

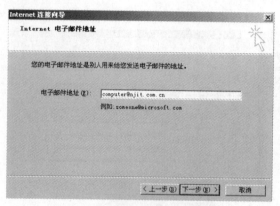

图 6–27 "填写邮件地址"窗口

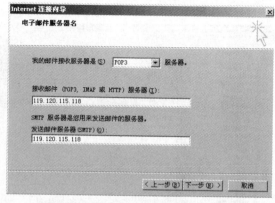

图 6–28 "填写邮件服务器"窗口

　　(d) 进入"填写邮件服务器"窗口,如图 6–28 所示。在该窗口中将接收邮件服务器选为"POP3",并分别输入接收邮件服务器 POP3 和发送邮件服务器 SMTP 的主机名或 IP 地址。

　　(e) 进入"填写账户名和密码"窗口,如图 6–29 所示。输入邮件系统中的用户的账号和密码,单击"下一步"按钮。

　　(f) 添加账号完成,如图 6–30 所示,单击"完成"按钮后查看结果,如图 6–31 所示。

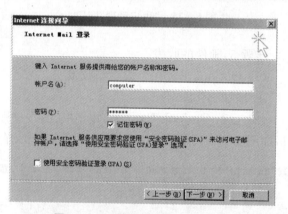

图 6–29 "填写账户和密码"窗口

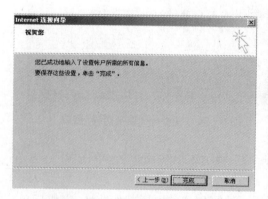

图 6–30 "账号添加成功"窗口

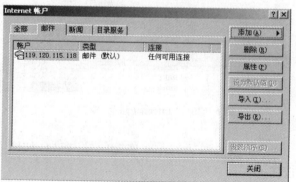

图 6–31 "Internet 邮件账户"窗口

② 修改账号属性

(a) 运行 Outlook Express,单击"工具"→"账号",选择需要设定的账号,如图 6-31 所示。单击"属性"按钮。

(b) 在打开的"邮件账户属性"窗口中,选择"常规"选项卡可以修改用户资料,如图 6-32 所示;选择"服务器"选项卡可以修改服务器资料,如图 6-33 所示。如果邮件系统的 SMTP 服务激活了"发送认证功能",则必须选中"外发邮件服务器"下面的"我的服务器要求身份验证"选项。

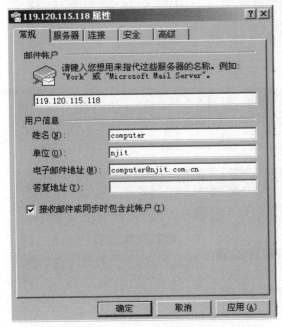

图 6-32　"'常规'选项卡"窗口

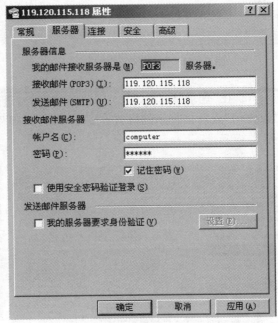

图 6-33　"'服务器'选项卡"窗口

③ 发送邮件

运行 Outlook Express,单击工具栏上"创建邮件"按钮,打开"邮件撰写"窗口,如图 6-34 所示。输入收件人的地址和邮件内容后,单击工具栏上的"发送"按钮。

(2) 使用 Webmail 收发邮件

① 正确安装设置 Winmail 邮件系统后,可以使用 Winmail Server 自带的 Webmail 收发邮件,默认端口为 6080,登录地址为"http://yourserverip:6080",如图 6-35 所示。

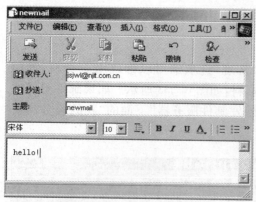

图 6－34　"邮件撰写"窗口

图 6－35　"Webmail Server"窗口

　　② 在"登录"窗口中输入用户名和密码，进入邮箱，如图 6－36 所示。在该窗口中，单击"收件箱"查看接收到的邮件。选择某一封邮件后，可以看到邮件的详细内容，如图 6－37 所示。

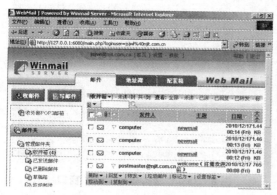

图 6－36　"邮箱管理"窗口

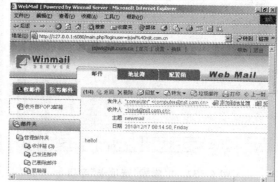

图 6－37　"邮件显示"窗口

6.6　思考题

　　(1) 叙述电子邮件的最主要的组成部件。
　　(2) 总结在实验配置过程中遇到的问题以及解决的方法。

第二单元 局域网组建与配置

实验 7 双绞线制作

7.1 实验目的

(1) 认识传输媒体的特性和用途；

(2) 熟悉双绞线的制作方法和线缆的测试方法。

7.2 实验内容

(1) 识别双绞线和认识 TP 头的结构；

(2) 剥线钳的结构；

(3) 双绞线的结构和排列位置；

(4) 测线仪的使用。

7.3 相关知识点

7.3.1 双绞线的组成特点

双绞线电缆中通常封装了一对或一对以上的双绞线，为了降低信号干扰程度，每一对双绞线一般都是由两根绝缘铜导线相互纽绕而成，每根铜导线的绝缘层上分别涂有不同的颜色，以示区别。

7.3.2 双绞线的分类

1. 按结构来分类

双绞线可分为非屏蔽双绞线（UTP: Unshielded Twisted Pair）、屏蔽双绞线（STP: Shielded Twisted Pair）。虽然双绞线主要是用来传输模拟声音信息的，但同样适用于数字信号的传输，特别适用于较短距离的信息传输。在传输期间，信号的衰减比较大，并且产生波形畸变。采用双绞线的局域网的带宽取决于所用导线的质量、长度及传输技术。只要精心选择和安装双绞线，就可以在有限距离内达到每秒几百万位的可靠传输率。当距离很短，并且采用特殊的电子传输技术时，传输率可达 100 Mbps～155 Mbps。

　　由于利用双绞线传输信息时要向周围辐射,信息很容易被窃听,因此要花费额外的代价加以屏蔽。屏蔽双绞线电缆的外层由铝箔包裹,以减小辐射,但并不能完全消除辐射。屏蔽双绞线价格相对较高,安装时要比非屏蔽双绞线电缆困难。类似于同轴电缆,它必须配有支持屏蔽功能的特殊联结器和相应的安装技术。它有较高的传输速率。

　　非屏蔽双绞线电缆具有以下优点:

　　(1) 无屏蔽外套,直径小,节省所占用的空间;

　　(2) 重量轻、易弯曲、易安装;

　　(3) 将串扰减至最小或加以消除;

　　(4) 具有阻燃性;

　　(5) 具有独立性和灵活性,适用于结构化综合布线。

　　2. 按性能来分类

　　(1) 第一类:主要用于传输语音(一类标准主要用于 20 世纪 80 年代初之前的电话线缆),不用于数据传输。

　　(2) 第二类:传输频率为 1 MHz,用于语音传输和最高传输速率 4 Mbps 的数据传输,常见于使用 4 Mbps 规范令牌传递协议的旧的令牌网。

　　(3) 第三类:指目前在 ANSI 和 EIA/TIA568 标准中指定的电缆。该电缆的传输频率为 16 MHz,用于语音传输及最高传输速率为 10 Mbps 的数据传输,主要用于 10Base-T。

　　(4) 第四类:该类电缆的传输频率为 20 MHz,用于语音传输和最高传输速率 16 Mbps 的数据传输,主要用于基于令牌的局域网和 10Base-T/100Base-T。

　　(5) 第五类:该类电缆增加了绕线密度,外套一种高质量的绝缘材料,传输频率为 100 MHz,用于语音传输和最高传输速率 100 Mbps 的数据传输,主要用于 100Base-T 和 10Base-T 网络,这是最常用的以太网电缆。

　　(6) 超五类:超五类布线系统是一个非屏蔽双绞线(UTP)布线系统,通过对它的“链接”和“信道”性能的测试表明,它超过 TIA/EIA568 的五类线要求。与普通的五类 UTP 比较,其衰减更小,串扰更少,同时具有更高的衰减与串扰的比值(ACR)和信噪比(SRL)、更小的时延误差,性能得到了提高。它有以下优点:

　　　◇ 提供了坚实的网络基础,可以方便转移、更新网络技术

　　　◇ 能够满足大多数应用的要求,并且满足低偏差和低串扰总和的要求

　　　◇ 被认为是为将来网络应用提供的解决方案

　　　◇ 充足的性能余量,给安装和测试带来方便

　　(7) 第六类:该类电缆的传输频率为 1 MHz～250 MHz,六类布线系统在 200 MHz 时综合衰减串扰比(PS‐ACR)应该有较大的余量,它提供 2 倍于超五类的带宽。六类布线的传输性能远远高于超五类标准,最适用于传输速率高于 1 Gbps 的应用。六类与超五类的一个重要的不同点在于:改善了在串扰以及回波损耗方面的性能,对于新一代全双工的高速网络应用而

言,优良的回波损耗性能是极重要的。六类标准中取消了基本链路模型,布线标准采用星形的拓扑结构,要求的布线距离为:永久链路的长度不能超过 90 m,信道长度不能超过 100 m。

7.3.3　双绞线的制作

制作双绞线时,有人认为遵循的原则是同一条线的两端 8 根线排列顺序一致就行了,其实不然,很多网络故障都是由双绞线的质量或制作方法不当引起的,100 M 网络更是如此。

表 7-1 列出了标准双绞线的两种做法,采用任何一种方法都可以。

表 7-1　标准双绞线的制作

引针号	1	2	3	4	5	6	7	8
T568A 标准	绿白	绿	橙白	蓝	蓝白	橙	棕白	棕
T568B 标准	橙白	橙	绿白	蓝	蓝白	绿	棕白	棕

1. T568A 标准

T568A 标准是指双绞线打线时排线的一种方式,如图 7-1 所示。

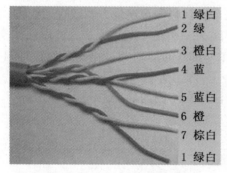
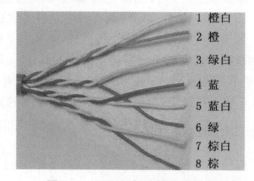

图 7-1　T568A 标准的排线顺序　　　图 7-2　T568B 标准的排线顺序

2. T568B 标准

T568B 标准是 T568A 标准的升级和完善,包含永久链路的定义和六类标准,其线序排列顺序如图 7-2 所示。另外在综合布线的施工中,有着 568A 和 568B 两种不同的打线方式,两种方式对性能没有影响,但是必须强调的是,在一个工程中只能使用一种打线方式。

至于五类和超五类的不同主要是应用的不同。五类系统在使用过程中只是使用其中的两对线缆,采用的是半双工,而超五类为了满足千兆以太网的应用,采用四对全双工传输。因而远端串扰(FEXT)、回波损耗(RL)、综合近端串扰(PSNEXT)、综合 ACR 和传输延迟也成为必须考虑的参数。所以超五类比五类有着更高的性能要求。六类和五类实质的区别在于它们的带宽不同,五类只有 100 MHz,六类是 250 MHz。它们支持的应用也因为性能的不同而不同,六类支持更高级别的应用。在性能上六类也比五类有更高的要求,为了提高性能,在结构上六类比五类也要复杂一些。

RJ45 接头的 8 个接脚的识别方法是,铜接点朝自己,头朝右,从上往下数,分别是 1、2、3、4、5、6、7、8,如图 7-3 所示。

在整个网络布线中应用一种布线方式,但两端都有 RJ-45 的网络联线无论是采用 568A,还是 568B,在网络中都是通用的。规定双工方式下本地的 1、2 两脚为信号发送端,3、6 两脚为信号接收端,因此,这两对信号必须分别使用一对双绞线进行信号传输。在做线时要特

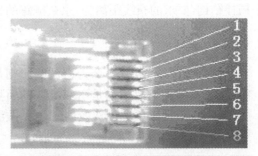

图 7-3　RJ45 接头的位置编号

别注意。现在 100 M 网一般使用 568B 方式,1、2 两脚使用橙色的那对线,其中白橙线接 1 脚,橙线接 2 脚;3、6 两脚使用绿色的那对线,其中白绿线接 3 脚,绿线接 6 脚,剩下的两对线在 10 M、100 M 快速以太网中一般不用,通常将两个接头的 4、5 和 7、8 两接头分别使用一对双绞线直连,4、5 用蓝色的那对线,4 为蓝色,5 为白蓝色;7、8 用棕色的那对线,7 为白棕色,8 为棕色。如果网线两头都按一种方式这么做就叫做直连线方式或直通线方式。

如果网线的两头不按一种方式,一头是 568B,另一头是 568A,那么这种做法叫交叉线,又叫跳线。其实就是只需将双绞线的其中一头在 568B 的基础上 1 和 3,2 和 6 对调一下就行,更形象地说是将一对黄线和一对绿线对调一下,因为 1 和 2 线是一对黄线(白黄、黄),面 3 和 6 是一对绿线(白绿、绿)。双绞线不同的做法用在不同的环境。

7.4　实验环境与设备

双绞线 1 根,RJ45 接头 2 个,剥线钳 1 把,测试工具 1 个。

7.5　实验步骤

双绞线的制作步骤如下:

步骤 1:剪裁适当长度的双绞线,用如图 7-4 所示的剥线钳剥去其端头 3 cm 左右的外皮,剥外皮使用其前端刀片。

步骤 2:进行对线。对线的标准有两个:T568A 和 T568B 标准。制线时要保证:1、2 线对是一个绕对;3、6 线对是一个绕对;4、5 线对是一个绕对;7、8 线对是一个绕对。若遵循 T568B 的标准制作接头,线对是按一定的颜色顺序排列的。需要特别注意的是,绿色条线必须跨越蓝色对线。

图 7-4　剥线钳和压线钳

步骤 3:对好线后,用手把线整理齐,将裸露出的双绞线用专用钳剪下,只剩约 1.5 cm

的长度并铰齐线头,位置摆放正确后,将双绞线的每一根线放入 RJ45 接头的引脚内,第一只引脚内应该放白橙色的线,其余类推。

步骤 4:确定双绞线的每根线已经放置正确后,一定要保证每根线都顶到黄颜色的金属刀片的位置,就可以用 RJ45 压线钳压紧 RJ45 接头。

步骤 5:在线的另一端重复 1~4 步骤。

步骤 6:线的两端都按 1~4 的步骤做好后,使用如图 7-5 所示的双绞线测试仪测试做好的线,测试过程和方法如下:

图 7-5　双绞线测试仪

(1)将网线两端的水晶头分别插入主测试仪和远程测试端的 RJ45 端口,将开关拨到"ON"(S 为慢速挡),这时主测试仪和远程测试端的指示头就应该逐个闪亮。

① 直通线的测试:测试直通连线时,主测试仪的指示灯应该从 1 到 8 逐个顺序闪亮,而远程测试端的指示灯也应该从 1 到 8 逐个顺序闪亮。如果是这种现象,说明直通线的连通性没问题,否则就得重新做线。

② 交叉线的测试:测试交叉线时,主测试仪的指示灯也应该从 1 到 8 逐个顺序闪亮,而远程测试端的指示灯应该是按着 3、6、1、4、5、2、7、8 的顺序逐个闪亮。如果是这样,说明交叉线连通性没问题,否则就得重新做线。

③ 若网线两端的线序不正确时,主测试仪的指示灯仍然从 1 到 8 逐个闪亮,只是远程测试端的指示灯将按着与主测试端连通的线号的顺序逐个闪亮。也就是说,远程测试端不能按着①和②的顺序闪亮。

(2)导线断路的原因分析

① 当有 1 到 6 根导线断路时,则主测试仪和远程测试端的对应线号的指示灯都不亮,其他的灯仍然可以逐个闪亮。

② 当有 7 根或 8 根导线断路时,则主测试仪和远程测试端的指示灯全都不亮。

(3)导线短路测试的现象

① 当有两根导线短路时,主测试仪的指示灯仍然按着从 1 到 8 的顺序逐个闪亮,而远程测试端两根短路线所对应的指示灯将被同时点亮,其他的指示灯仍按正常的顺序逐个闪亮。

② 当有三根或三根以上的导线短路时,主测试仪的指示灯仍然从 1 到 8 逐个顺序闪亮,而远程测试端的所有短路线对应的指示灯都不亮。

步骤 7:检查正确,网线制作完成。

7.6　思考题

(1) T568A 和 T568B 的线序有何不同?

(2)当把双绞线整理齐后,将裸露出的双绞线用专用钳剪下,为什么是剩约 1.5 cm 的长度是比较合适的? 如果剩约 3 cm 的长度,是否合适,为什么?

实验 8　局域网组建与检测

8.1　实验目的

（1）掌握组建星形结构局域网的方法；
（2）掌握设置主机 IP 地址的方法；
（3）掌握网络连通性测试命令 Ping 的使用；
（4）实现在主机之间复制共享文件。

8.2　实验内容

（1）以交换机为中心，使用双绞线把主机连接到交换机，组建星形结构的局域网；
（2）在 Windows 中设置主机的 IP 地址；
（3）使用 Ping 命令测试网络的连通性；
（4）设置文件共享；
（5）使用网上邻居或搜索计算机方法，在主机之间操作共享文件。

8.3　相关知识点

8.3.1　局域网的特征

概括地说，局域网有以下特点：
（1）LAN 覆盖的地理范围小，通常分布在一座办公大楼或集中的建筑群内，例如在一个校园内。一般在几千米范围之内，至多不超过 25 km。
（2）LAN 的传输率高并且误码率低。传输率一般在 10 Mbps 到几百 Mbps 之间，支持高速数据通信，目前已达到 1 000 Mbps；传输方式通常为基带传输，并且传输距离短，故误码率低，一般在 $10^{-8} \sim 10^{-11}$ 范围内。
（3）LAN 主要以微型机为建网对象，通常没有中央主机系统，而带有一些共享的各种外设。
（4）根据不同的需要，为获得最佳的性能价格比，可选用价格低廉的双绞线电缆、同轴电缆或价格较贵的光纤，以及无线电 LAN。
（5）LAN 通常属于某一个单位所有，被一个单位或部门控制、管理和应用。
（6）便于安装、维护和扩充，建网成本低、周期短。

　　由此可见,局域网是一种在小范围内实现数据通信和资源共享的计算机网络。它具有多种优点,局域网一起是计算机领域研究的热点。局域网的这些优点也使其应用范围非常广泛,特别是在教育行业、企业和工厂等地,局域网更是得到飞速发展。

8.3.2　局域网的种类

　　局域网一般由网络服务器、用户工作站、网卡、传输介质和网络软件五个部分组成。可以把局域网分为以下三类:

1.　对等网

　　对等网是非结构化地访问网络资源。对等网中的每一台设备可以同时是客户机和服务器,网络中的所有设备可以直接访问数据、软件和其他网络资源。也就是说,每一台网络计算机与其他联网的计算机之间的关系是对等的,它们没有层次的划分。同时,对等网除了共享文件之外,还可以共享打印机,对等网上的打印机可被网络上的任一节点使用,如同使用本地打印机一样方便。由于对等网不需要专门的服务器来做网络支持,也不需要其他组件来提高网络的性能,因而对等网络的价格相对要便宜很多。

　　对等网一般网络用户较少,适合人员少、应用网络较多的中小企业,网络用户都处于同一区域中。对于网络来说,网络安全不是最重要的问题。对等网的主要优点有:网络成本低、网络配置和维护简单。这样的局域网往往足以实现信息交流、资源共享、娱乐游戏等功能。

2.　客户机/服务器网(C/S)

　　客户机/服务器网又称为服务器网络。在这样的局域网络中,计算机划分为客户机和服务器两个层次。这样的层次结构是为了适应网络规模增大,所需的各种支持功能也增多的情况下而设计的。客户机和服务器都是软件的概念,这些软件安装在计算机上,构成客户机主机和服务器主机,在该网络中,有一台或多台提供资源共享、文件传输、网络管理等服务的计算机称为服务器。它处理来自客户机的请求,为用户提供网络服务,并负责整个网络的管理维护工作,实现网络资源和用户的集中式管理。目前客户机/服务器网络已经成为组网的标准模型。

3.　浏览器/服务器网(B/S)

　　浏览器/服务器网是随着 Internet 技术的兴起,对 C/S 结构的一种变化或者改进的结构,是局域网与 Internet 融合的一种表现。在这种结构下,用户工作界面是通过 WWW 浏览器来实现,极少部分事务逻辑在前端(Browser)实现,但是主要事务逻辑在服务器端(Server)实现,形成所谓三层结构。用户不必专门在客户机上安装访问服务器的客户端软件,而是直接通过浏览器来使用共享的资源。这样的结构大大简化了客户端电脑的载荷,减轻了系统维护与升级的成本和工作量,降低了用户的总体成本。

　　这样的结构在层次上显得比较松散,但在管理上和使用上则更加的集中。所有的网络共享资源都可以通过 WEB 页面来管理和使用。浏览器/服务器网是一次性到位的开发,能实现不同的人员,从不同的地点,以不同的接入方式访问和操作共同的数据库。它能有效地保护数据平台和管理访问权限,服务器数据库也很安全。

8.3.3　局域网的 IP 地址

　　TCP/IP 是互联网和大多数局域网所采用的一组协议。在 TCP/IP 协议中,连接到网络上的每个主机和网络设备都有一个唯一的 IP 地址。IP 地址共有 32 位,通常用 4 个十进制数表示,每个数字取值为 0~255,中间用“.”隔开,例如:162.29.31.1。IP 地址的格式由网络号和主机号共同形成。IP 地址分为 A、B、C、D、E 五个类,常用的是 B 和 C 两类。

　　将 IP 地址分成了网络号和主机号两部分,设计者就必须决定每部分包含多少位。网络号的位数直接决定了可以分配的网络数(计算方法是 2∧网络号位数);主机号的位数则决定了网络中最大的主机数(计算方法是 2∧主机号位数-2)。然而,由于整个互联网所包含的网络规模可能比较大,也可能比较小,设计者最后选择了一种灵活的方案:将 IP 地址空间划分成不同的类别,每一类具有不同的网络号位数和主机号位数。

　　在局域网中分配 IP 地址的方法有两种。一种方法是为局域网上所有的主机都手工分配一个 IP 地址;另一种方法是使用一个特殊的服务器来动态分配 IP 地址,即当一个主机登录到网络时,服务器会自动为该主机分配一个动态 IP 地址。

　　静态 IP 地址分配主机时,最好能记录下网络上所有主机的主机名和 IP 地址,以便日后扩展网络时参考。IP 地址的动态分配是通过一个 DHCP(动态主机配置程序)服务器完成的。在动态分配 IP 地址的网络系统里,不需要手工分配 IP 地址。

8.3.4　TCP/IP 协议测试工具

　　Windows 提供了许多在命令提示符下运行的协议测试工具。

　　1. 诊断实用程序

　　(1) ipconfig:显示本地主机的 IP 地址配置,也用于手动释放和更新 DHCP 服务器指定的 TCP/IP 配置。

　　常用参数如下:

　　① /?:显示帮助

　　② /all:显示 IP 配置的完整信息。

　　③ /release:释放 DHCP 服务器指定的 TCP/IP 配置。

　　④ /renew:更新 DHCP 服务器指定的 TCP/IP 配置。

　　⑤ 例:C:\>ipconfig

　　(2) ping:验证 IP 的配置情况并测试 IP 的连通性。

　　常用参数如下:

-t：无限次 ping 指定的计算机直至按下 Ctrl＋C 组合键强制中断。默认情况 ping 只测试 4 次。

例：C：\＞ping 192.168.0.1

（3）tracert：跟踪数据包到达目的地所采取的路由。

例：C：\＞tracert 192.168.0.1

（4）pathPing：跟踪数据包到达目标所采取的路由，并显示路径中每个路由器的数据包损失信息，也可用于解决服务质量（QoS）连通性的问题。该命令结合了 ping\tracert 命令的功能。

例：C：\＞pathping 192.168.0.1

（5）hostname：返回本地计算机的主机名。

例：C：\＞hostname

（6）netstat：显示当前 TCP/IP 网络连接，并统计会话信息。

例：C：\＞netstat/?

（7）nbtstat：显示本地 NetBIOS 名称列表与 NetBIOS 名称缓存。

例：C：\＞nbtstst-n（查看注册的 NetBIOS 名称）

（8）net：网络资源使用与显示命令。

例：C：\＞net view（查看共享资源列表）

（9）route：显示或修改本地路由表。

常用参数如下：

◇ -print：显示路由表。

◇ -add：添加路由表项。

例：C：\＞route-print

（10）arp：显示或设置 IP 地址与 MAC 地址的对应关系。

常用参数如下：

◇ -g 或-a：查看 ARP 缓存。

◇ -s ＜IP 地址＞ ＜MAC 地址＞：加入记录。

◇ -d ＜IP 地址＞：删除记录。

例：C：\＞arp-s 157.55.85.212   00-aa-00-62-c6-09

　　C：\＞arp-a

2. 连接实用程序

（1）ftp：在任何运行 FTP（文件传输协议）服务器软件的计算机之间传输任意大小的文件。

例：C：\＞ftp   192.168.0.1

　　ftp＞?

　　ftp＞quit

（2）telnet：使用基于终端的登录，远程访问运行 Telnet 服务器软件的网络设备。

（3）tftp：在运行 TFTP（一般的文件传输协议）服务器软件的计算机之间传输小型文件。

8.4　实验环境与设备

1. 两台主机的对等网

每组实验设备为：两台安装有以太网卡和 Windows XP 的微机，一根双绞线（交叉线）。连接方法如图 8-1 所示。

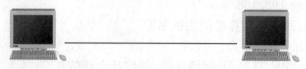

图 8-1　两台主机的对等网组建

2. 对于多台主机的对等网

组建方式现在主要采用交换机来组成星形网络，连接方法如图 8-2 所示。每组实验设备为：两台以上安装有以太网卡和 Windows XP 的微机以及相应数量的双绞线，一台以太网交换机。

IP 地址分配如下：

主机 A 的 IP 地址：192.168.0.1，子网掩码 255.255.255.0；

主机 B 的 IP 地址：192.168.0.2，子网掩码 255.255.255.0；

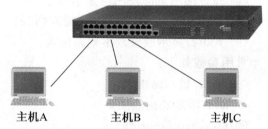

图 8-2　多台主机的对等网组建

主机 C 的 IP 地址：192.168.0.3，子网掩码 255.255.255.0。

8.5　实验步骤

下面以图 8-2 多台主机对等网的拓扑为例，介绍如何实现对等网的通信。

步骤 1：设置 TCP/IP 协议

（1）在主机 A 的桌面上右击"网上邻居"图标，在弹出的快捷菜单中选择"属性"命令，打开"网络和拨号连接"窗口。

（2）在"本地连接"图标上右击鼠标，从弹出的快捷菜单中选择"属性"命令，打开"本地连接属性"对话框，如图 8-3 所示。在该对话框中可选中"连接后在任务栏中显示图标"复选框，这将给以后判断网络连接故障带来方便。

（3）在"常规"选项卡中选择"Internet 协议（TCP/IP）"选项，然后单击"属性"按钮，打开"Internet 协议（TCP/IP）属性"对话框。

图 8-3　本地连接

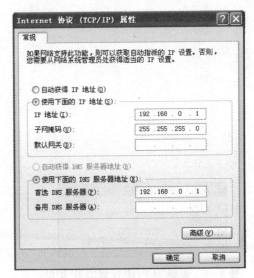

图 8-4　本地连接属性

(4) 在"常规"选项卡中,选择"使用下面的 IP 地址"选项,手工设置静态 IP 地址 192.168.0.1,如图 8-4 所示。如果选择"自动获取 IP 地址"选项,则使该计算机成为 DHCP 客户端,动态获取 IP 地址。设置完相关的选项后,单击"确定"按钮。

步骤 2:一块网卡上设置多个 IP 地址

(1) 在桌面上右击"网上邻居"图标,在弹出的快捷菜单中选择"属性"命令,打开"网络和拨号连接"窗口。

(2) 在"本地连接"图标上右击鼠标,从弹出的快捷菜单中选择"属性"命令,打开"本地连接属性"对话框。

(3) 在"常规"选项卡中选择"Internet 协议 (TCP/IP)"选项,然后单击"属性"按钮,打开"Internet 协议(TCP/IP)属性"对话框。

(4) 在"Internet 协议(TCP/IP)属性"对话框的"常规"选项卡中,选择"高级"按钮,打开"高级 TCP/IP 设置"对话框,如图 8-5 所示。

(5) 在"高级 TCP/IP 设置"对话框中,单击"添加"按钮,弹出"TCP/IP 地址"对话框,如图 8-6 所示。

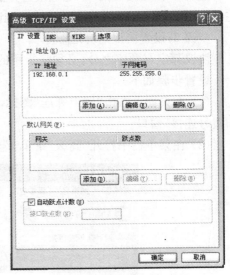

图 8-5　高级 TCP/IP 设置

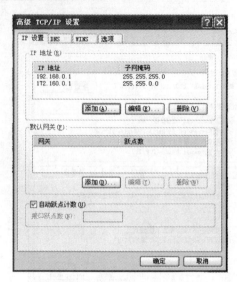

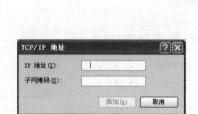

图 8-6　高级 TCP/IP 设置的 IP 地址　　　　图 8-7　设置多个 IP 地址

（6）在"TCP/IP 地址"对话框中输入网关后，单击"添加"按钮，返回到"高级 TCP/IP 设置"对话框中，完成在一块网卡上设置多个 IP 地址的操作，如图 8-7 所示。参照此操作，还可以继续设置多个 IP 地址。

主机 B 和主机 C 的 IP 地址设置方法与主机 A 的 IP 地址设置方法相同。设置好三台主机的 IP 地址后，可用 TCP/IP 协议测试工具进行测试。

步骤 3：设置协议的绑定顺序

协议邦定有顺序之分，必须将常用的协议、提供的程序应放在顶部。

设置步骤如下：

（1）在桌面上右击"网上邻居"图标，在弹出的快捷菜单中选择"属性"命令，打开"网络和拨号连接"窗口。

（2）在菜单栏中打开"高级"菜单，选择"高级设置"命令，如图 8-8 所示。

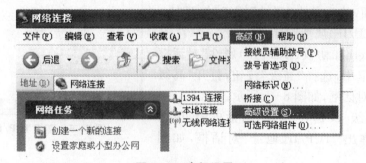

图 8-8　高级设置

（3）打开"高级设置"对话框,该对话框可设置"适配器和绑定"顺序和"提供程序顺序"。在"高级设置"对话框中包含了该计算机中已安装的所有协议的捆绑及其顺序,如图 8-9 所示。

可以独立改变"文件和打印机共享"与"网络客户端"协议的绑定顺序。

（4）单击"Internet 协议（TCP/IP）"项,再使用右侧的向上按钮,将其移动到 NetBEUI 协议上方,这样就可以改变协议的绑定顺序。

（5）最后单击"确定"按钮,保存更改,这样就改变了协议的捆绑顺序。

步骤 4:TCP/IP 筛选

使用 TCP/IP 筛选可以加强安全性方面的设置。

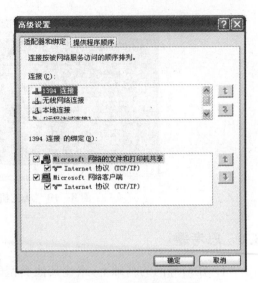

图 8-9　协议的绑定顺序

（1）在桌面上右击"网上邻居"图标,在弹出的快捷菜单中选择"属性"命令,打开"网络和拨号连接"窗口。

（2）在"本地连接"图标上右击鼠标,从弹出的快捷菜单中选择"属性"命令,打开"本地连接属性"对话框。

（3）在"常规"选项卡中选择"Internet 协议（TCP/IP）"选项,然后单击"属性"按钮,打开"Internet 协议（TCP/IP）属性"对话框。

（4）在"Internet 协议（TCP/IP）属性"对话框的"常规"选项卡中,选择"高级"按钮,打开"高级 TCP/IP 属性"对话框。

（5）选择"选项"选项卡中的"TCP/IP 筛选"项。

（6）单击"属性"按钮,打开"TCP/IP 筛选"对话框,通过该对话框,可设置对 TCP、UDP 端口的筛选,以控制客户机访问服务器的哪些服务。如本例中设置了只允许 TCP 端口 80 的服务,意味着客户机只能访问本机 WEB 服务,而不能访问本机的 FTP 或 E-MAIL 等其他 TCP 服务。

通过\winnt\System32\drivers\etc\services 文件查看端口含义,可得到各种协议对应的端口号。

步骤 5:验证测试

从主机 A 的命令提示符下 ping 主机 B,从主机 A 的命令提示符下 ping 主机 C,从主机 B 的命令提示符下 ping 主机 C,测试各主机之间的连通性。如图 8-10 所示。

图 8 - 10　从主机 A ping 主机 B 的地址

8.6　思考题

(1) 在对等网的基础上,组建其他类型的局域网还需要安装什么?

(2) 对等网、客户机/服务器网和浏览器/服务器网在结构、层次和网络资源访问方式上有哪些不同?

(3) 如何设置局域网共享?

实验 9　交换机的连接和使用

9.1　实验目的

(1) 了解交换机的硬件结构及主要技术参数；

(2) 了解交换机的外观、指示灯、接口类型；

(3) 掌握交换机的管理 IP 配置和密码设置；

(4) 掌握登录到交换机的方法。

9.2　实验内容

(1) 熟悉交换机的指示灯、接口及类型；

(2) 按拓扑图连接计算机和交换机；

(3) 通过超级终端登录到交换机；

(4) 交换机基本配置和查询；

(5) 使用 telnet 命令登录到交换机。

9.3　相关知识点

9.3.1　交换机部件

1. 交换机外观

交换机外观以锐捷设备 S2126G 为例，如图 9-1 所示。

2. 前面板端口说明

如图 9-2 所示，S2126G 以太网交换机的前面板包括 Console 端口、24 个 10Base-T/100Base-TX RJ45 端口、LED 指示灯。

图 9-1　交换机 S2126G 外观图

图 9-2　S2126G 前面板图

（1）Console 端口

可使用产品附带的 9 芯串口线将 Console 端口与计算机的串口连接对交换机进行管理。

（2）24/48 个 10Base-T/100Base-TX RJ45 端口

这些端口支持 10Mbps 或 100Mbps 带宽的连接设备，均具有自协商能力。在交换机管理中，需要对端口名、端口速率、双工模式、端口流量控制、广播风暴控制与安全控制等进行设置。

（3）LED 指示灯

电源指示灯、10Base-T/100Base-TX RJ45 端口状态指示、扩展模块状态指示灯如图 9-3 所示。交换机的每个端口对应着不同的 LED 指示灯，表 9-1 列出了 LED 指示灯以亮、暗、闪烁来指示端口的状态。用户可直观地了解每个端口所处的状态以及判断交换机的故障原因。

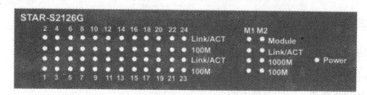

图 9-3　S2126G 的 LED 指示灯

表 9-1　S21 系列交换机 LED 指示灯功能表

LED 指示每个端口的状态		功　　能	指示灯状态		
			亮	暗	闪烁
电源指示	电源指示 LED（POWER）	表示交换机是否上电	交换机上电	① 电源线和电源插座及交换机未连接正确 ② 电源插座供电不正确	
10 BASE-T/ 100 BASE-TX RJ45 端口指示灯	链接/活动指示 LED（Link/ACT）	表示这个端口是否检测到网线另一端上有网络设备或者这个端口是否在接收或发送数据	已经检测到远端设备并已建立起正确链接	① 未接上网线 ② 交换机未上电 ③ 网线错误或者是一个内部交叉的网线 ④ 远端没有设备相连网线超长	有一个设备和本端口之间在接收或发送数据
	100 Mbps 状态指示 LED（100 Mbps）	指示与 LED 对应端口的工作速率	对应端口的传输速率是 100 Mbps	对于 RJ45 端口：表示对应端口的传输速率是 10 Mbps	

（续表）

LED 指示每个端口的状态		功　能	指示灯状态		
			亮	暗	闪烁
扩展模块指示灯	模块存在指示LED（Module）	指示插槽上是否插有模块	表示插槽上有模块	表示插槽上没有模块	
	链接/活动指示LED（Link/ACT）	表示这个端口是否检测到网线另一端上有网络设备或者这个端口是否在接收或发送数据。	已经检测到远端设备并已建立起正确链接	① 未接上网线 ② 交换机未上电 ③ 网线错误或者是一个内部交叉的网线 ④ 远端没有设备相连网线超长	有一个设备和本端口之间在接收或发送数据
	1 000 Mbps 状态指示 LED（1 000 M）	指示与 LED 对应端口的工作速率	对应端口的传输速率是 1 000 Mbps	对应端口的传输速率是 100 Mbps 或 10 Mbps	
	100 Mbps 状态指示 LED（100 M）	指示与 LED 对应端口的工作速率	对应端口的传输速率是 100 Mbps	对应端口的传输速率是 1 000 Mbps 或 10 Mbps	

3. 后面板端口说明

如图 9-4 所示，S2126G 交换机的后面板包括 2 个千兆模块插槽和交流电源开关等。

图 9-4 S2126G 后面板说明图

S2126G 的扩展端口包括：可扩展 1 个或者 2 个 M2121-X 千兆模块或者是 M2101-X 百兆模块。表 9-2 列出了 S2126G 扩展模块。

表 9-2 S2126G 扩展模块说明

型号	标准	端口形式	网络介质	激光波长	最大传输距离
M2121S	1000Base-X	SC	MMF	850 nm	≤550 m
M2121L	1000Base-X	SC	SMF、MMF	1 300 nm	≤5 000 m
M2121T	1000Base-T	RJ45	5 类 UTP 或 STP	无	100 m

（续表）

型号	标准	端口形式	网络介质	激光波长	最大传输距离
M2101F	100Base-FX	SC	MMF	850 nm	≤2 000 m
M2101F-S	100Base-FX	SC	SMF	1 300 nm	≤20 000 m
M2101T	100Base-T	RJ45	5 类 UTP 或 STP	无	100 m

9.3.2　限制访问交换机的方式

1. 概述

对交换机的访问有以下几种方式：

◇ 通过带外对交换机进行管理（PC 与交换机直接相连）；

◇ 通过 Telnet 对交换机进行远程管理；

◇ 通过 Web 对交换机进行远程管理；

◇ 通过 SNMP 工作站对交换机进行远程管理。

上面四种方式中，后面三种方式均要通过网络传输，可以根据需要来禁止用户通过这三种访问方式中的一种或几种来访问交换机。

2. 设置对访问方式的限制

缺省情况下，交换机上的 Telnet Server、SNMP Agent 处于打开状态，Web Server 处于关闭状态。从特权模式开始，可以通过表 9-3 中的命令控制对交换机的访问。

表 9-3　对交换机访问方式控制

步　骤	命　令	含　义
第 1 步	configure terminal	进入全局配置模式
第 2 步	no enable services telnet-server	关闭交换机上的 Telnet Server，从而禁止使用 Telnet 对交换机进行访问
第 3 步	enable services web-server	开启交换机上的 Web Server，从而开启使用 Web 对交换机进行访问
第 4 步	no enable services snmp-agent	关闭交换机上的 SNMP Agent，从而禁止使用 SNMP 管理工作站对交换机进行访问
第 5 步	end	回到特权模式
第 6 步	show running-config	验证配置
第 7 步	copy running-config startup-config	保存配置（可选）

可以通过命令 enable services telnet-server 重新打开交换机上的 Telnet Server，通过命

令 no enable services web-server 重新关闭交换机上的 Web Server,通过命令 enable services snmp-agent 重新打开交换机上的 SNMP Agent。

除了使用上面说明的开关来限制对交换机的访问外,还可以通过表 9-4 的命令检查来访者的 IP 来进行更为细致的访问控制。可以为 Telnet 或 Web 的访问方式配置一个或多个合法的访问 IP,只有使用这些合法 IP 的用户才能使用 Telnet 方式访问交换机,使用其他的 IP 地址访问都将被交换机拒绝。

表 9-4　设定合法 IP 用户访问流程

步　骤	命　令	含　义
第 1 步	configure terminal	进入全局配置模式
第 2 步	services telnet host *host-ip* [*mask*]	*host-ip*:指明能够使用 Telnet 方式管理交换机的合法用户的 IP。可以通过多次使用此命令来配置多个合法用户的 IP,也可以通过设置掩码的方式来配置一个网段的 IP。若不配置任何 IP,则表示不限制使用者的 IP 地址
第 3 步	services web host *host-ip* [*mask*]	*host-ip*:指明能够使用 Web 方式管理交换机的合法用户的 IP。可以通过多次使用此命令来配置多个合法用户的 IP,也可以通过设置掩码的方式来配置一个网段的 IP。若不配置,则表示不限制使用者的 IP 地址
第 4 步	end	回到特权模式
第 5 步	show running-config	验证配置
第 6 步	copy running-config startup-config	保存配置(可选)

可以使用 no services telnet host *host-ip* [*mask*] 和 no services web host *host-ip* [*mask*] 来删除已配置的合法访问 IP。使用 no services telnet all 和 no services web all 来删除所有的 IP。

下面的例子说明如何只允许 IP 地址为 192.168.12.54 和 192.168.12.55 的用户,以及 192.168.5.0 网段的用户通过 Telnet 方式管理交换机:

Switch(config)♯ services telnet host 192.168.12.54
Switch(config)♯ services telnet host 192.168.12.55
Switch(config)♯ services telnet host 192.168.5.0 255.255.255.0

3. 显示各访问方式的状态

表 9-5 列出的命令显示对交换机的各种访问方式的状态。

表 9-5 显示各访问方式的状态

命 令	含 义
show services	显示交换机上 Telnet Server、Web Server、SNMP Agent 的当前状态

下面的例子显示了如何显示 Telnet Server、Web Server、SNMP Agent 的当前状态。

Switch# show services

Snmp-agent：Disabled

Telnet-server：Enabled

Web-server：Disabled

4. 串口通信参数含义

串口通信的概念非常简单,串口按位(bit)发送和接收字节。尽管比按字节(byte)的并行通信慢,但是串口可以在使用一根线发送数据的同时用另一根线接收数据。它很简单并且能够实现远距离通信。比如 IEEE488 定义并行通行状态时,规定设备线总长不得超过 20 m,并且任意两个设备间的长度不得超过 2 m;而对于串口而言,长度可达 1 200 m。典型地,串口用于 ASCII 码字符的传输。通信使用 3 根线完成:① 地线;② 发送;③ 接收。由于串口通信是异步的,端口能够在一根线上发送数据,同时在另一根线上接收数据。其他线用于握手,但是不是必需的。串口通信最重要的参数是波特率、数据位、停止位和奇偶校验。对于两个进行通信的端口,这些参数必须匹配:

(1) 波特率:这是一个衡量通信速度的参数。它表示每秒钟传送的 bit 的个数。例如 300 波特表示每秒钟发送 300 个 bit。时钟周期就是指波特率。例如,如果协议需要 4800 波特率,那么时钟是 4 800 Hz。这意味着串口通信在数据线上的采样率为 4 800 Hz。通常电话线的波特率为 14 400、28 800 和 36 600。波特率可以远远大于这些值,但是波特率和距离成反比。高波特率常常用于放置的很近的仪器间的通信,典型的例子就是 GPIB 设备的通信。

(2) 数据位:这是衡量通信中实际数据位的参数。当计算机发送一个信息包,实际的数据不会是 8 位的,标准的值是 5、7 和 8 位。如何设置取决于想传送的信息。比如,标准的 ASCII 码是 0~127(7 位)。扩展的 ASCII 码是 0~255(8 位)。如果数据使用简单的文本(标准 ASCII 码),那么每个数据包使用 7 位数据。每个包是指一个字节,包括开始/停止位、数据位和奇偶校验位。由于实际数据位取决于通信协议的选取,术语"包"指任何通信的情况。

(3) 停止位:用于表示单个包的最后一位。典型的值为 1、1.5 和 2 位。由于数据是在传输线上定时的,并且每一个设备有其自己的时钟,很可能在通信中两台设备间出现不同步。因此停止位不仅仅是表示传输的结束,并且提供计算机校正时钟同步的机会。适用于停止位的位数越多,不同时钟同步的容忍程度越大,但是数据传输率同时也越慢。

(4) 奇偶校验位:在串口通信中一种简单的检错方式。有四种检错方式:偶、奇、高和低。当然没有校验位也是可以的。对于偶和奇校验的情况,串口会设置校验位(数据位后面的一位),用一个值确保传输的数据有偶数个或者奇数个逻辑高位。例如,如果数据是 011,那么对于偶校验,校验位为 0,保证逻辑高的位数是偶数个。如果是奇校验,校验位为 1,这样就有 3 个逻辑高位。高位和低位不真正的检查数据,简单置位逻辑高或者逻辑低校验,这样使得接收设备能够知道一个位的状态,有机会判断是否有噪声干扰了通信或者是否传输和接收数据不同步。

5. 通过 Telnet 方式管理

可以通过表 9-6 中的 Telnet 命令登录到另外的交换机上去,在被登录的交换机的特权模式下,通过 exit 命令可以返回原交换机。当使用 Telnet 方式和远程交换机建立会话时,必须首先给远程交换机配置 IP 地址。每个交换机可以支持最多 6 个 Telnet 连接,当一个交换机的 Telnet 会话保持空闲超过时间(5 min)后,将会自动断开连接。

表 9-6　管理远程设备

步　骤	动　作	含　义
第 1 步	telnet *ip-address*	通过使用远程交换机的 IP 地址来管理交换机
第 2 步	输入登录口令	在提示符下,输入要管理交换机的 Telnet 口令,如果交换机没有设置口令,则无法管理

下面的例子建立 Telnet 会话并管理远程交换机:

Switch♯ telnet 192.168.65.119

　　Trying 192.168.65.119 ... Open

　　User Access Verification

　　Password:

9.4　实验环境与设备

1 台二层交换机 S2126G,简单 PC 机 1 台(Windows 操作系统/超级终端软件),1 根 Console 口配置电缆线。

图 9-5　实验拓扑图

实验拓扑图如图 9-5 所示。

PC 机的 IP 地址:192.168.1.2;

子网掩码 255.255.255.0。

9.5　实验步骤

步骤 1:认识交换机及相关部件,熟悉指示灯和接口类型。

步骤 2:按照实验拓扑图连接交换机和计算机。

通常连接交换机的配置线缆有三种:

（1）DB9-to-DB9；

（2）RJ-45 反转线＋DB9 转换器；

（3）RJ-45-to-DB9。

PC 机这端接在 COM1 口上，交换机这端接在 Console 口上。

步骤 3：设置主机 PC 的 IP 地址和子网掩码。

步骤 4：通过超级终端与交换机建立通讯连接。

（1）打开超级终端，建立连接。

在 PC 机中，单击"开始"→"程序"→"附件"→"通讯"，选择"超级终端"选项。此时如果看到"位置信息"界面，可以逐个点击"取消"和"是"按钮来取消（如果在超级终端完成之前还遇到类似提示，处理方式相同），便可以进入"新建连接——超级终端"中的"连接描述"，如图 9-6 所示。

图 9-6　新建连接——连接描述

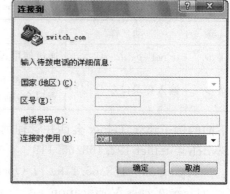

图 9-7　连接端口设定

在"名称"中输入自定义名称，假设这里使用"switch_com"，点击"确认"后，出现"连接到"界面（图 9-7），单击"确定"，可以进入 PC 机的串口 COM 口设置。

（2）串口参数设定。

在串口 COM1 口参数设定中，主要设定属性对话框中的参数：每秒位数为 9 600（即波特率）；数据位为 8；奇偶校验位为无；停止位为 1；流量控制为无，如图 9-8 所示。

步骤 5：交换机加电。

给交换机上电，终端上显示交换机自动检测信息，自动检测结束后提示用户键入回车，之后会出现命令行提示符"＞"。

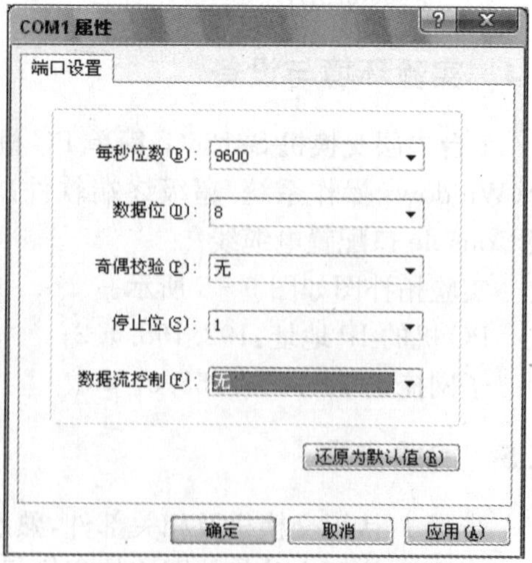

图 9-8　COM1 串口参数设置

步骤 6:为交换机配置管理 IP。

Switch（config）＃interface vlan 1

Switch（config-if）＃no shutdown

Switch（config-if）＃ip address 192.168.1.1 255.255.255.0

Switch（config-if）＃end

步骤 7:配置交换机的 Telnet 远程登录密码和特权模式密码。

（1）配置远程登录密码。

Switch（config）＃enable secret level 1 0 star

（2）配置进入特权模式密码。

Switch（config）＃enable secret level 15 0 star

步骤 8:在 PC 机上通过 Telnet 登录到交换机。

单击"开始"→"运行",输入"cmd",回车后进入"命令提示符"界面,在这个界面中输入命令"telnet 192.168.1.1",如图 9-9 所示。在图 9-10 中,可看出已进入 Telnet 界面状态。

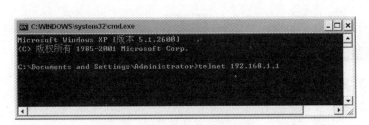

图 9-9 命令提示符界面

图 9-10 Telnet 管理交换机界面

9.6 思考题和实训练习

9.6.1 思考题

（1）交换机的 LED 指示灯有哪些? 有什么样的功能?

（2）交换机访问方式有哪些?

（3）通过 Console 口对交换机进行管理可以使用哪些线缆,如何连接?

9.6.2 实训练习

【实训背景描述】

你是某公司新来的网管,公司要求你熟悉网络产品,采用全系列锐捷网络产品,首先要求你登录交换机,了解、掌握交换机的命令行操作。

第一次在设备机房对交换机进行了初次配置后,你希望以后在办公室或出差时也可以对设备进行远程管理,现要在交换机上做适当配置。

【实训内容】

(1) 用标准 Console 线缆用于连接计算机的串口和交换机的 Console 上。在计算机上启用超级终端,并配置超级终端的参数,使计算机与交换机通过 Console 口建立连接;

(2) 配置交换机的管理 IP 地址,并为 Telnet 用户配置用户名和登录口令。配置计算机的 IP 地址(与交换机管理 IP 地址在同一个网段),通过网线将计算机和交换机相连,通过计算机 Telnet 到交换机上对交换机进行查看;

(3) 更改交换机的主机名;

(4) 擦除配置信息、保存配置信息、显示配置信息;

(5) 显示当前配置信息;

(6) 显示历史命令。

【实训拓扑图】

实训拓扑图如图 9 - 11 所示。

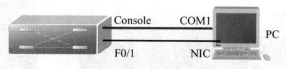

图 9 - 11　交换机初始配置

9.7　实验报告

完成实训练习,并撰写实验报告。实验报告的内容包括:

(1) 实验目的;

(2) 实验要求和任务;

(3) 实验步骤;

(4) 实验源码及注释;

(5) 实验中未解决的问题;

(6) 实验小结。

实验 10　交换机配置模式和命令使用

10.1　实验目的

（1）掌握交换机配置模式及转换方法；
（2）掌握交换机基本配置命令；
（3）掌握查看交换机系统和配置信息的命令。

10.2　实验内容

（1）进入交换机的各种模式；
（2）配置交换机端口信息；
（3）帮助信息的灵活使用；
（4）查看交换机系统和配置信息。

10.3　相关知识点

10.3.1　命令模式

　　锐捷模块管理界面分成若干不同的模式，用户当前所处的命令模式决定了可以使用的命令。在命令提示符下输入问号键（?）可以列出每个命令模式使用的命令。

　　当用户和模块管理界面建立一个新的会话连接时，用户首先处于用户模式（User EXEC 模式），可以使用用户模式的命令。在用户模式下，只可以使用少量命令，并且命令的功能也受到一些限制，例如像 show 命令等。用户模式下命令的操作结果不会被保存。

　　要使用所有的命令，必须进入特权模式（Privileged EXEC 模式）。通常，在进入特权模式时必须输入特权模式的口令。在特权模式下，用户可以使用所有的特权命令，并且能够由此进入全局配置模式。

　　使用配置模式（全局配置模式、接口配置模式等）的命令，会对当前运行的配置产生影响。如果用户保存了配置信息，这些命令将被保存下来，并在系统重新启动时再次执行。要进入各种配置模式，首先必须进入全局配置模式。从全局配置模式出发，可以进入接口配置模式等各种配置子模式。

　　表 10-1 列出了命令的模式、如何访问每个模式、模式的提示符、如何离开模式。这里假定交换模块的名字为缺省的"Switch"。

表 10 - 1　命令模式概要

命令模式	访问方法	提示符	离开或访问下一模式	关于该模式
User EXEC （用户模式）	访问交换模块时首先进入该模式	Switch>	输入 exit 命令离开该模式 要进入特权模式，输入 enable 命令	使用该模式来进行基本测试、显示系统信息
Privileged EXEC （特权模式）	在用户模式下，使用 enable 命令进入该模式	Switch#	要返回到用户模式，输入 disable 命令 要进入全局配置模式，输入 configure 命令	使用该模式来验证设置命令的结果。该模式是具有口令保护的
Global configuration （全局配置模式）	在特权模式下，使用 configure 命令进入该模式	Switch(config)#	要返回到特权模式，输入 exit 命令或 end 命令，或者键入 Ctrl＋C 组合键 从这个配置模式下，可以进入接口配置模式和 VLAN 配置模式	使用该模式的命令来配置影响整个设备的全局参数
Interface configuration （接口配置模式）	在全局配置模式下，使用 interface 命令进入该模式	Switch(config-if)#	要返回到特权模式，输入 end 命令，或键入 Ctrl＋C 组合键。 要返回到全局配置模式，输入 exit 命令 要进入接口配置模式，输入 interface 命令。在 interface 命令中必须指明要进入哪一个接口配置子模式	使用该模式配置设备的各种接口
Config-vlan （VLAN 配置模式）	在全局配置模式下，使用 vlan vlan_id 命令进入该模式	Switch(config-vlan)#	要返回到特权模式，输入 end 命令，或键入 Ctrl＋C 组合键 要进入 VLAN 配置模式，输入 vlan vlan_id 命令	使用该模式配置 VLAN 参数

10.3.2　获得帮助

　　表 10-2 列出了帮助信息，用户可以在命令提示符下输入问号键（?）列出每个命令模式支持的命令。用户也可以列出相同开头的命令关键字或者每个命令的参数信息。

表 10 - 2　帮助信息

命　令	说　明	例　子
Help	在任何命令模式下获得帮助系统的摘要描述信息	
简写命令	获得相同开头的命令关键字字符串	Switch♯ di? dir disable
简写命令<Tab>	使命令的关键字完整	Switch♯ show conf<Tab> Switch♯ show configuration
提示下一个关键字	列出该命令的下一个关联的关键字	Switch♯ show ?
提示下一个变量	列出该关键字关联的下一个变量	Switch(config)♯ snmp-server community? WORD SNMP community string

10.3.3　简写命令

如果想简写命令,只需要输入命令关键字的一部分字符,只要这部分字符足够识别唯一的命令关键字即可。

例如:show running-config 命令可以写成:

Switch♯ show run

如果输入的命令不足以让系统唯一标识,则系统会给出"Ambiguous command:"的提示。例如要查看 access-lists 的信息,按如下输入则不完整。

Ruijie♯ show access

% Ambiguous command:"show access"

10.3.4　使用命令的 no 和 default 选项

几乎所有命令都有 no 选项。通常,使用 no 选项来禁止某个特性或功能,或者执行与命令本身相反的操作。例如:

Switch♯ configure terminal

Switch(config)♯interface gigabitEthernet 0/4

Switch(config-if)♯ shutdown ∥使用 shutdown 命令关闭接口

Switch(config-if)♯no shutdown ∥使用 no shutdown 命令打开接口

配置命令大多有 default 选项,命令的 default 选项将命令的设置恢复为缺省值。大多数命令的缺省值是禁止该功能,因此在许多情况下 default 选项的作用和 no 选项是相同的,如上述的 shutdown 命令。然而部分命令的缺省值是允许该功能,在这种情况下,default 选项和 no 选项的作用是相反的。这时 default 选项打开该命令的功能,并将变量设置为缺省的允许状态。例如,在三层设备上缺省 IP 路由是打开的,则 default ip routing 命令的效果相当于 ip routing,而不是 no ip routing。

10.3.5 理解 CLI 的提示信息

表 10-3 列出了用户在使用 CLI 管理交换模块时可能遇到的错误提示信息。

表 10-3 常见的 CLI 错误信息

错误信息	含 义	如何获取帮助
% Ambiguous command: "show c"	用户没有输入足够的字符,交换模块无法识别唯一的命令	重新输入命令,紧接着发生歧义的单词输入一个问号。可能的关键字将被显示出来
% Incomplete command.	用户没有输入该命令的必需的关键字或者变量参数	重新输入命令,输入空格再输入一个问号。可能输入的关键字或者变量参数将被显示出来
% Invalid input detected at '∧' marker.	用户输入命令错误,符号(∧)指明了产生错误的单词的位置	在所在地命令模式提示符下输入一个问号,该模式允许的命令的关键字将被显示出来

10.3.6 使用历史命令

系统提供了用户输入的命令的记录。该特性在重新输入长而且复杂的命令时将十分有用。从历史命令记录重新调用输入过的命令,执行如表 10-4 所示的操作。

表 10-4 历史命令

操 作	结 果
Ctrl-P 或上方向键	在历史命令表中浏览当前模式下前一条命令。从最近的一条记录开始,重复使用该操作可以查询更早的记录
Ctrl-N 或下方向键	在使用了 Ctrl-P 或上方向键操作之后,使用该操作在当前模式下历史命令表中回到更近的一条命令。重复使用该操作可以查询更近的记录
Ruijie(config-line)# history size number-of-lines	设置终端的当前模式下历史命令记录的条数,范围 0~256,缺省为 10 条

10.3.7 基本查询命令

查看交换机的系统和配置信息命令要在特权模式下执行。

◇ Show version 查看交换机的版本信息,可以查看到交换机的硬件版本信息和软件版本信息,用于进行交换机操作系统升级时的依据。

◇ Show mac-address-table 查看交换机当前 MAC 地址表信息。

◇ Show running-config 查看交换机当前生效的配置信息。

10.4 实验环境与设备

1 台二层交换机 S2126G,1 台 PC 机,1 根 Console 口配置电缆线。

实验拓扑图如图 10-1 所示。

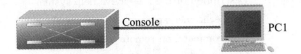

图 10-1 交换机端口配置和查看系统及配置信息

10.5 实验步骤

10.5.1 交换机端口参数的配置

步骤 1:从特权模式,进入全局模式。

Switch♯configure terminal

步骤 2:配置交换机的设备名称为 SwitchA。

Switch(config)♯hostname SwitchA

步骤 3:进入端口配置模式,此时配置端口 F0/3。

SwitchA(config)♯interface fastethernet 0/3

步骤 4:配置端口速率为 10M。

SwitchA(config-if)♯speed 10

步骤 5:配置端口的双工模式为半双工。

SwitchA(config-if)♯duplex half

步骤 6:开启该端口,使端口转发数据。

SwitchA(config-if)♯no shutdown

配置端口速率参数有 100(100Mbit/s)、10(10Mbit/s)、auto(自适应),默认是 auto。配置双式模式有 full(全双工)、half(半双工)、auto(自适应),默认是 auto。

步骤 7:退回特权模式。

SwitchA(config-if)♯end

SwitchA♯

10.5.2 交换机命令行基本功能

（1）帮助信息

① 显示当前模式下所有可执行的命令

Switch＞?

disable	Turn off privileged commands
enable	Turn on privileged commands
exit	Exit from the EXEC
help	Description of the interactive help system
ping	Send echo messages
rcommand	Run command on remote switch
show	Show running system information
telnet	Open a telnet connection
traceroute	Trace route to destination

② 显示当前模式下所有以 con 开头的命令

Switch♯con?

    configure

③ 显示 configure 命令后可执行参数

Switch♯configure ?

    terminal   Configure from the terminal

（2）命令简写

   Switch♯con

交换机命令行支持命令的简写，该命令代表 configure。

（3）命令自动补齐

交换机支持命令的自动补齐。

   Switch♯con(按键盘的 TAB 键自动补齐 configure)

   Switch♯configure

（4）命令的快捷键功能

① Ctrl＋Z 退回到特权模式

   Switch(config-if)♯∧Z

② Ctrl＋C 终止当前操作

   Switch♯ping 1.1.1.1

   Sending 5，100-byte ICMP Echos to 1.1.1.1，

   timeout is 2000 milliseconds.

   ……

Success rate is 0 percent（0/5）

在交换机特权模式下执行 ping 1.1.1.1 命令,发现不能 ping 通目标地址,交换机默认情况下需要发送 5 个数据包,如不想等到 5 个数据包均不能 ping 通目标地址的反馈出现,可在数据包未发出 5 个之前通过执行 Ctrl+C 终止当前操作。

10.5.3　查看交换机的系统和配置信息

步骤 1:查看交换机的版本信息。

SwitchA♯show version

System description:Red-Giant Gigabit Intelligent Switch(S2126G) By Ruijie Network

System uptime:0d:6h:57m:28s

System hardware version:3.3

System software version:1.66(3) Build Sep 7 2006 Rel

System BOOT version:RG-S2126G-BOOT 03-03-02

System CTRL version:RG-S2126G-CTRL 03-11-02

Running Switching Image:Layer2

其中,System description:Red-Giant Gigabit Intelligent Switch(S2126G) By Ruijie Network 是系统描述信息;System hardware version:3.3 是设备的硬件版本信息;System software version:1.66(3) Build Sep 7 2006 Rel、System BOOT version:RG-S2126G-BOOT 03-03-02、System CTRL version:RG-S2126G-CTRL 03-11-02 是关于操作系统版本信息;Running Switching Image ：Layer2 是二层交换机描述。

步骤 2:查看交换机的 MAC 地址表。

SwitchA♯show mac-address-table

Vlan	MAC Address	Type	Interface

步骤 3:查看交换机当前生效的配置信息。

SwitchA♯show running-config

System software version : 1.66(3) Build Sep 7 2006 Release

Building configuration...

Current configuration : 909 bytes

!

version 1.0

!

hostname SwitchA

vlan 1

!

interface fastethernet 0/3

```
speed 10
duplex half
end
```

【注意事项】

（1）命令行操作进行自动补齐或命令简写时，要求所简写的字母必须能够唯一区别该命令。如 Switch# conf 可以代表 configure，但 Switch# co 无法代表 configure；因为 co 开头的命令有两个 copy 和 configure，设备无法区别。

（2）注意区别每个操作模式下可执行的命令种类。交换机不可以跨模式执行命令。

（3）Show mac-address-table、show running-config 都是查看当前生效的配置信息，该信息存储在 RAM（随机存储器里），当交换机掉电，重新启动时会重新生成新的 MAC 地址表和配置信息。

10.6　思考题和实训练习

10.6.1　思考题

（1）交换机配置命令模式主要有哪些？如何相互切换？

（2）如何查看交换机的版本信息？

（3）如何设置交换机属性为全双工模式？

10.6.2　实训练习

【实训背景描述】

你是某公司新进网管，公司要求你熟悉现有公司网络环境下和设备的基本配置情况，以便于日后管理。

为方便日后操作，你需要知道当前设备的基本型号、版本、设备基本地址分配情况等信息，并做一个日志文档，便于后期设备损坏时查阅。

【实训内容】

（1）用标准 console 线缆用于连接计算机的串口和交换机的 console 上。在计算机上启用超级终端，并配置超级终端的参数，使计算机与交换机通过 console 口建立连接。

（2）使用命令进行用户模式、全局模式、特权模式等实现模式间切换。

（3）显示当前版本号。

（4）显示当前基本配置信息。

【实训拓扑图】

实训拓扑图同图 10-1。

10.7　实验报告

完成实训练习,并撰写实验报告。实验报告的内容包括:

(1) 实验目的;

(2) 实验要求和任务;

(3) 实验步骤;

(4) 实验源码及注释;

(5) 实验中未解决的问题;

(6) 实验小结。

实验 11　虚拟局域网的设计和实现

11.1　实验目的

(1) 了解交换机 VLAN 工作原理；

(2) 掌握在交换机上划分 VLAN 的方法；

(3) 掌握交换机端口加入 VLAN 的方法。

11.2　实验内容

(1) 按照指定的实验拓扑图，正确连接网络设备；

(2) 配置 PC 机的 IP 地址和子网掩码，并测试其连通性；

(3) 在交换机上将端口划分到 VLAN；

(4) 在交换机之间配置 Trunk 链路。

11.3　相关知识点

VLAN(Virtual Local Area Network)的中文名为"虚拟局域网"。VLAN 是指在物理网段内，将局域网设备从逻辑上划分成一个个网段，从而实现虚拟工作组的新兴数据交换技术，使用的协议标准是 802.1Q。VLAN 最大的特性是不受物理位置的限制，可以进行灵活的划分。VLAN 具备了一个物理网段所具备的特性。相同 VLAN 内的主机可以相互直接访问，不同 VLAN 的主机之间相互访问必须经由路由设备进行转发。广播数据包只可以在本 VLAN 内进行传播，不能传输到其他 VLAN 中。

VLAN 的划分可依据不同原则，一般有以下三种划分方法：

1. 基于端口的 VLAN 划分

这种划分是把一个或多个交换机上的几个端口划分一个逻辑组，这是最简单、最有效的划分方法。该方法只需网络管理员对网络设备的交换端口进行重新分配即可，不用考虑该端口所连接的设备。

2. 基于 MAC 地址的 VLAN 划分

MAC 地址其实就是指网卡的标识符，每一块网卡的 MAC 地址都是唯一且固化在网卡上的。MAC 地址由 12 位十六进制数表示，前 6 位为网卡的厂商标识(OUI)，后 6 位为网卡标识(NIC)。网络管理员可按 MAC 地址把一些站点划分为一个逻辑子网。

3. 基于路由的 VLAN 划分

路由协议工作在网络层，相应的工作设备有路由器和路由交换机（即三层交换机）。该方式允许一个 VLAN 跨越多个交换机，或一个端口位于多个 VLAN 中。

就目前来说，对于 VLAN 的划分主要采取上述第 1、3 种方式，第 2 种方式为辅助性的方案。以上划分 VLAN 的方式中，基于端口的 VLAN 端口方式建立在物理层上；MAC 方式建立在数据链路层上；基于路由的 VLAN 划分建立在第三层上。

配置 VLAN 大致有以下几个步骤：

(1) VLAN 配置分析规划，解决配置什么样的问题；

(2) VLAN 的具体配置，实现在交换机上 VLAN 配置；

(3) VLAN 配置信息的查看、修改，确保配置合理正确；

(4) VLAN 配置信息的保存。

VLAN 是以 VLAN ID（通常缩写为 VID）来标识的，VID 长度为 12 比特，表示的范围为 0～4 095，但用户在设备上可以配置的 VLAN 范围是 1～4 094，其中，VLAN1 为默认 VLAN，由交换机自动创建，不可以删除，并且默认情况下交换机的所有端口都属于默认 VLAN1。其他 VLAN，可以使用接口配置模式来配置一个端口的 VLAN 成员类型、加入以及移出一个 VLAN。

交换机保存配置文件的名称是 config. text，保存 VLAN 配置文件的名称为 vlan. dat，这两者均保存在 Flash 内存中。当删除了 vlan. dat 只是将创建的 VLAN 及名称删除，并没有删除 VLAN 的成员所属关系。所以如果只删 vlan. dat，而不删除 config. text 或相应的配置，则已经被分配到某些 VLAN 的端口就不会在 VLAN 1 中出现。如需解决这个问题，需要使用 show run 来查看一下，这几个接口均属于哪个 VLAN，然后进入这几个物理接口，用 no switchport access vlan 来清除其与已删除 VLAN 的所属关系。

在基于端口的 VLAN 划分中，VLAN 被分为 Port Vlan 和 Tag Vlan：

(1) Port Vlan 是实现 VLAN 的方式之一，Port Vlan 是利用交换机的端口进行 VLAN 的划分，一个端口只能属于一个 VLAN。

(2) Tag Vlan 是基于交换机端口的另外一种类型，主要用于实现跨交换机的相同 VLAN 内主机之间的直接访问，同时对于不同 VLAN 的主机进行隔离。Tag Vlan 遵循了 IEEE802.1Q 协议的标准。在利用配置了 Tag Vlan 的接口进行数据传输时，需要在数据帧内添加 4 个字节的 802.1Q 标签信息，用于标识该数据帧属于哪个 VLAN，以便于对端交换机接收到数据帧后进行准确的过滤。

11.4　实验环境与设备

每组实验设备：2 台二层交换机，3 台 PC 机，4 根直连线。

实验拓扑图如图 11－1 所示。

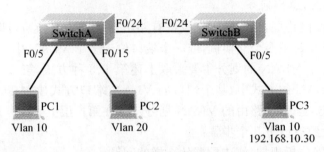

图 11 - 1　跨交换机实现 VLAN

PC1 的 IP 地址为:192.168.10.10/24;

PC2 的 IP 地址为:192.168.10.20/24;

PC3 的 IP 地址为:192.168.10.30/24。

11.5　实验步骤

步骤 1:按照拓扑图连接交换机和 PC 机。

按照拓扑图连接交换机和 PC 机,其中 PC1 除了通过网线与交换机 F0/5 口连接外,其串口还与 SwitchA 的 Console 口通过配置口电缆线连接,用来配置交换机 A;PC3 除了通过网线与交换机 F0/5 口连接外,其串口还与 SwitchB 的 Console 口通过配置口电缆线连接,用来配置交换机 B。注意连接时的接口类型、线缆类型,尽量避免带电插拔线缆。

步骤 2:根据要求分别设置三台 PC 机的 IP 地址和子网掩码。

步骤 3:用 Ping 命令测试三台 PC 机的连通性。

步骤 4:在 PC 机中,通过超级终端与交换机建立连接。

步骤 5:创建 VLAN。

(1) 进入特权模式。

　　switch♯enable

　　Password:

(2) 进入全局配置模式。

　　switch♯configure terminal

(3) 交换机的设备改名为 SwitchA。

　　SwitchA(config)♯hostname SwitchA

　　SwitchA(config)♯vlan 10　　　　　　! 创建 vlan10,进入 VLAN 配置模式

(4) 命名 vlan10 为 test10(可选操作)。

　　SwitchA (config-vlan)♯name test10

(5) 退回全局模式。

SwitchA(config-vlan)♯exit

（6）用上述方法创建 vlan20。

　　SwitchA(config)♯vlan 20　　　　　　　　　　　！创建 vlan20

（7）命名 vlan20 为 test20(可选操作)。

　　SwitchA (config-vlan)♯name test20

步骤 6：验证测试。

　　SwitchA♯show vlan

VLAN	Name	Status	Ports
1	default	active	Fa0/1 ,Fa0/2 ,Fa0/3
			Fa0/4 ,Fa0/5 , Fa0/6 ,
			Fa0/7 ,Fa0/8, Fa0/9 ,
			Fa0/10, Fa0/11, Fa0/12,
			Fa0/13, Fa0/14, Fa0/15,
			Fa0/16, Fa0/17, Fa0/18,
			Fa0/19,Fa0/20,Fa0/21,
			Fa0/22Fa0/23,Fa0/24
10	test10	active	
20	test20	active	

　　分析：使用 show vlan 命令可以查看 VLAN 的配置信息，从上显示结果可以看到，默认情况下所有接口都属于 VLAN1，新创建的 VLAN 10 和 VLAN 20 中没有所属端口。

步骤 7：将接口分配到新建的 VLAN 中。

（1）进入全局模式。

　　SwitchA♯configure terminal

（2）进入 fastethernet 0/5 端口。

　　SwitchA(config)♯interface fastethernet 0/5

（3）将 fastethernet 0/5 端口加入 vlan10。

　　SwitchA(config-if)♯switchport access vlan 10

（4）退回全局模式。

　　SwitchA(config-if)♯exit

（5）用上述方法将 fastethernet 0/15 端口加入 vlan20。

　　SwitchA(config)♯interface fastethernet 0/15

　　SwitchA(config-if)♯switchport access vlan 20

　　SwitchA(config-if)♯end

　　SwitchA♯

步骤 8：验证测试。

（1）查看 VLAN 内容。

SwitchA♯show vlan

VLAN	Name	Status	Ports
1	default	active	Fa0/1 ,Fa0/2 ,Fa0/3
			Fa0/4 , Fa0/6 ,Fa0/7 ,
			Fa0/8, Fa0/9 ,Fa0/10,
			Fa0/11, Fa0/12,Fa0/13,
			Fa0/14, Fa0/16, Fa0/17,
			Fa0/18,Fa0/19,Fa0/20,
			Fa0/21,Fa0/22,Fa0/23,
			Fa0/24
10	test10	active	Fa0/5
20	test20	active	Fa0/15

（2）验证已创建了 vlan10 并且 F0/5 端口已划分到 vlan10 中。

SwitchA♯show vlan 10

VLAN	Name	Status	Ports
10	test10	active	Fa0/5

（3）验证已创建 vlan20 并且 F0/15 端口划分到 vlan20 中。

SwitchA♯show vlan 20

VLAN	Name	Status	Ports
20	test20	active	Fa0/15

步骤 9：用 Ping 命令测试两台 PC 机的连通性。

验证结果表明，PC1 和 PC2 不可以 Ping 通。

步骤 10：把交换机 SwitchA 与 SwitchB 相连的端口（F0/24 端口）定义为 Tag Vlan 模式。

（1）进入全局配置模式。

SwitchA♯configure terminal

（2）进入需要配置的端口。

SwitchA(config)♯interface fastEthernet 0/24

（3）将端口的模式设置为 Trunk。

SwitchA(config-if)♯switchport mode trunk

（4）验证测试。

验证 fastethernet 0/24 端口已被设置为 Tag Vlan 模式。

SwitchA♯show interfaces　fastethernet 0/24 switchport

Interface	Switchport	Mode	Access	Native	Protected	VLAN lists
Fa 0/24	Enabled	Trunk	1	1	Disabled	All

注:交换机的 Trunk 接口默认情况下属于所有 VLAN。

步骤 11:在交换机 SwitchB 上创建 vlan10,并将 F0/5 端口划分到 vlan10 中。

SwitchB♯configure terminal

SwitchB(config)♯vlan 10

SwitchB(config-vlan)♯name test10

SwitchB(config-vlan)♯exit

SwitchB(config)♯interface fastEthernet 0/5

SwitchB(config-if)♯switchport access vlan 10

SwitchB♯show vlan 10

VLAN	Name	Status	Ports
10	sales	active	Fa0/5

步骤 12:把交换机 SwitchB 与交换机 SwitchA 相连的端口(F0/24 端口)定义为 Tag Vlan 模式。

SwitchB♯configure terminal

SwitchB(config)♯interface fastEthernet 0/24

SwitchB(config-if)♯switchport mode trunk

步骤 13:验证测试。

(1) 验证 fastEthernet 0/24 端口已被设为 Tag Vlan 模式。

SwitchB♯show interfaces fastEthernet 0/24 switchport

Interface	Switchport	Mode	Access	Native	Protected	VLAN lists
Fa0/24	Enabled	Trunk	1	1	Disabled	All

(2) 验证 PC1 与 PC3 能相互通信,但 PC1 与 PC2 不能互相通信。

在 PC1 中,在命令方式下输入 ping 192.168.10.30。结果表明,在 PC1 的命令方式下能 ping 通 PC3。

在 PC1 中,在命令方式下输入 ping 192.168.10.20。结果表明,在 PC1 的命令方式下不能 ping 通 PC2。

【注意事项】

(1) 交换机所有的端口在默认情况下都是 access 端口,可直接将端口加入某一 VLAN。利用 switchport mode access/trunk 命令可以更改端口的 VLAN 模式。

(2) VLAN1 属于系统的默认 VLAN,不可以被删除。

(3) 删除某个 VLAN,使用 no 命令。例如:switch(config)♯no vlan 10。

（4）删除某个 VLAN 时，应先将属于该 VLAN 的端口加入到别的 VLAN，再删除之。

（5）两台交换机之间相连的端口应该设置为 Tag Vlan 模式。

（6）trunk 接口在默认情况下支持所有 VLAN 的传输。

【参考配置】

SwitchA # show running-config   ！显示交换机 SwitchA 的全部配置

    System software version ：1.66(3) Build Sep 7 2006 Rel

    Building configuration...

    Current configuration：284 bytes

    version 1.0

    hostname SwitchA

    vlan 1

    !

    vlan 10   ！创建 vlan10

    name test10

    vlan 20   ！创建 vlan20

    name test20

    ! interface fastEthernet 0/5

    switchport access vlan 10   ！将 F0/5 加入 VLAN 10

    interface fastEthernet 0/15

    switchport access vlan 20   ！将 F0/15 加入 VLAN 20

    interface fastEthernet 0/24

    switchport mode trunk   ！将 F0/24 设为 trunk，支持 Tag Vlan

    end

SwitchB # show running-config   ！显示交换机 SwitchB 的全部配置

    System software version：1.66(3) Build Sep 7 2006 Rel

    Building configuration...

    Current configuration：284 bytes

    version 1.0

    hostname SwitchB

    vlan 1

    !

    vlan 10   ！创建 VLAN10

    name test10

    !

    interface fastEthernet 0/5

    switchport access vlan 10   ！将 F0/5 加入 VLAN 10

```
interface fastEthernet 0/24
switchport mode trunk                ! 将 F0/24 设为 trunk,支持 Tag Vlan
end
```

11.6　思考题和实训练习

11.6.1　思考题

（1）VLAN ID 的编号范围是多少?

（2）如何实现跨交换机 VLAN 内的通信?

（3）VLAN 间的通讯有哪些方式?

11.6.2　实训练习

【实训背景描述】

某学校教务处的计算机分散连接,它们之间需要相互通信,学生处的计算机集中连接,现要在三层交换机上作适当配置来实现教务处与学生处主机之间的相互通信。

【实训内容】

（1）设教务处主机为 PC1 和 PC3,学生处主机为 PC2,分别设置它们的 IP 地址和网关地址;

（2）将 SwitchA 改为三层交换机,将二层交换机与三层交换机相连的端口都定义为 Tag Vlan 模式;

（3）在交换机 SwitchA 上配置 Vlan 10 和 Vlan 20 的 IP 地址。

（4）验证主机 PC1 和 PC3 与 PC2 可以互相通信。

【实训拓扑图】

实训拓扑图同图 11 - 1。

11.7　实验报告

完成实训练习,并撰写实验报告。实验报告的内容包括:

（1）实验目的;

（2）实验要求和任务;

（3）实验步骤;

（4）实验源码及注释;

（5）实验中未解决的问题;

（6）实验小结。

实验 12　三层交换机基本配置

12.1　实验目的

（1）掌握开启三层交换机接口的三层路由功能的方法；
（2）掌握设置三层交换机接口的 IP 地址的方法。

12.2　实验内容

（1）在三层交换机上使用 no switchport 命令设置 IP 地址；
（2）使用 SVI(switchport visual interface，交换机虚拟接口)方式设置三层交换机上的 IP 地址。

12.3　相关知识点

12.3.1　三层交换机功能

三层交换机就是具有部分路由器功能的交换机，三层交换机的最重要目的是加快大型局域网内部的数据交换，所具有的路由功能也是为这目的服务的，能够做到一次路由，多次转发。对于数据包转发等规律性的过程由硬件高速实现，而像路由信息更新、路由表维护、路由计算、路由确定等功能，由软件实现。

第三层交换机是直接根据第三层网络层 IP 地址来完成端到端的数据交换的。

12.3.2　应用背景

在教学网和企业网中，一般会将三层交换机用在网络的核心层，用三层交换机上的千兆端口或百兆端口连接不同的子网或 VLAN。不过三层交换机的出现最重要的目的是加快大型局域网内部的数据交换，所具备的路由功能也多是围绕这一目的而展开的。但三层交换机在安全、协议支持等方面不能完全取代路由器工作。

在实际应用过程中，处于同一个局域网中的各个子网的互联以及局域网中 VLAN 间的路由，一般用三层交换机来代替路由器，而局域网与公网互联之间要实现跨地域的网络访问时，则使用专业路由器。

12.3.3　使用三层交换机的使用

三层交换机具有一些传统的二层交换机所没有的特性。例如，三层交换机在校园网和城域教育网建设中的优势和特点有：

1．高可扩充性

三层交换机在连接多个子网时，子网只是与第三层交换模块建立逻辑连接，不像传统外接路由器那样需要增加端口，从而保护了用户对校园网、城域教育网的投资，并满足学校 3 至 5 年网络应用快速增长的需要。

2．高性价比

三层交换机具有连接大型网络的能力，功能基本上可以取代某些传统路由器，但是价格却接近二层交换机。

3．内置安全机制

三层交换机可以与普通路由器一样，具有访问列表的功能，可以实现不同 VLAN 间的单向或双向通讯。如果在访问列表中进行设置，可以限制用户访问特定的 IP 地址，这样学校就可以禁止用户访问某些非法站点。

访问列表不仅可以用于禁止内部用户访问某些站点，也可以用于防止校园网、城域教育网外部的非法用户访问校园网、城域教育网内部的网络资源，从而提高网络的安全。

4．适合多媒体传输

教育网经常需要传输多媒体信息，这是教育网的一个特色。三层交换机具有 QoS（服务质量）的控制功能，可以给不同的应用程序分配不同的带宽。

例如，在校园网、城域教育网中传输视频流时，就可以专门为视频传输预留一定量的专用带宽，相当于在网络中开辟了专用通道，其他的应用程序不能占用这些预留的带宽，因此能够保证视频流传输的稳定性。而普通的二层交换机就没有这种特性，因此在传输视频数据时，就会出现视频忽快忽慢的抖动现象。

另外，视频点播（VOD）也是教育网中经常使用的业务。但是由于有些视频点播系统使用广播来传输，而广播包是不能实现跨网段的，这样 VOD 就不能实现跨网段进行；如果采用单播形式实现 VOD，虽然可以实现跨网段，但是支持的同时连接数就非常少，一般几十个连接就占用了全部带宽。而三层交换机具有组播功能，VOD 的数据包以组播的形式发向各个子网，既实现了跨网段传输，又保证了 VOD 的性能。

5．计费功能

在高校校园网及有些地区的城域教育网中，很可能有计费的需求，因为三层交换机可以识别数据包中的 IP 地址信息，因此可以统计网络中计算机的数据流量，按流量计费；也可以统计计算机连接在网络上的时间，按时间进行计费。

12.4　实验环境与设备

为了隔离广播域而划分了 VLAN，但不同的 VLAN 之间需要通信，本实验将实现这一功能。即同一 VLAN 的计算机能跨交换机通信，不同 VLAN 中的计算机之间在三层交换机上也能互相通信。三层交换本身默认开启了路由功能,可利用 IP Routing 命令进行控制,但三层交换机上各个接口的三层路由功能默认是关闭的。

1. 实验设备

S3750 三层交换机一台,PC 机三台,直连线三根。

2. 实验拓扑

实验拓扑图如图 12-1 所示。

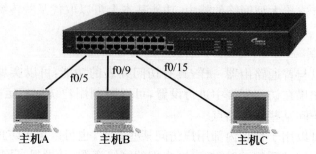

图 12-1　　在三层交换机上实现不同 VLAN 的通信

3. IP 地址分配

主机 A 的 IP 地址:192.168.1.11,子网掩码 255.255.255.0;

主机 B 的 IP 地址:192.168.2.11,子网掩码 255.255.255.0;

主机 C 的 IP 地址:192.168.3.11,子网掩码 255.255.255.0。

12.5　实验步骤

步骤 1:按拓扑图连接线路,主机 A 的网线连接到交换机的 f0/5 口,主机 B 的网线连接到交换机的 f0/9 口,主机 C 的网线连接到交换机的 f0/15 口,然后确定各主机及三层交换机的 IP 地址。IP 地址参考如下:

接口 f0/5 的 IP 地址:192.168.1.1;

接口 f0/9 的 IP 地址:192.168.2.1;

接口 f0/15 的 IP 地址:192.168.3.1。

步骤 2:开启三层交换机的路由功能。

Switch1#conf t

Switch1(config)#hostname S3750

S3750(config)#ip routing　　　!开启三层交换机的路由功能

S3750(config)#exit

步骤 3:配置三层交换机端口的路由功能,设置接口 f0/5、f0/9、f0/15 的 IP 地址。

S3750#conf t

```
S3750(config)#interface fastethernet 0/5
S3750(config-if)#no switchport　！打开接口 f0/5 的三层路由功能
S3750(config-if)#ip address 192.168.1.1 255.255.255.0
S3750(config-if)#no shutdown
S3750(config-if)#exit
S3750(config)#
S3750(config)#interface fastethernet 0/9
S3750(config-if)#no switchport　 ！打开接口 f0/9 的三层路由功能
S3750(config-if)#ip address 192.168.2.1 255.255.255.0
S3750(config-if)#no shutdown
S3750(config-if)#exit
S3750(config)#interface fastethernet 0/15
S3750(config-if)#no switchport　 ！打开接口 f0/15 的三层路由功能
S3750(config-if)#ip address 192.168.3.1 255.255.255.0
S3750(config-if)#no shutdown
S3750(config-if)#exit
```

以上是使用 no switchport 设置三层交换机上接口的 IP 地址方法。

下面将使用 SVI 方式开启交换机某个接口的三层路由功能,这种方法的设置步骤是要先建立一个新的 VLAN,然后将某个接口加入到这个 VLAN 中,最后设置 VLAN 的地址。假设交换机的接口 f0/5、f0/9、f0/15 分别属于 VLAN10、VLAN20、VLAN30,具体设置其 IP 地址的方法如下:

```
S3750#conf t
S3750(config)# vlan 10
S3750(config-vlan)# vlan 20
S3750(config-vlan)# vlan 30
S3750(config-vlan)#exit
S3750(config)#interface fastethernet 0/5
S3750(config-if)#switchport access vlan 10
S3750(config-if)#exit
S3750(config)#int vlan 10
S3750(config-if)#ip address 192.168.1.1 255.255.255.0
S3750(config-if)#no shutdown
S3750(config-if)#exit
S3750(config)#
```

S3750(config)＃interface fastethernet 0/9

S3750(config-if)＃switchport access vlan 20

S3750(config-if)＃exit

S3750(config)＃int vlan 20

S3750(config-if)＃ip address 192.168.2.1 255.255.255.0

S3750(config-if)＃no shutdown

S3750(config-if)＃exit

S3750(config)＃interface fastethernet 0/15

S3750(config-if)＃switchport access vlan 30

S3750(config-if)＃exit

S3750(config)＃int vlan 30

S3750(config-if)＃ip address 192.168.3.1 255.255.255.0

S3750(config-if)＃no shutdown

S3750(config-if)＃exit

步骤 4:验证配置结果

S3750(config)＃show ip interface   ! 显示交换机各接口的参数

S3750(config-if)＃show interface fastethernet 0/5   ! 显示接口 f0/5 的当前状态

S3750(config-if)＃show interface fastethernet 0/9   ! 显示接口 f0/9 的当前状态

S3750(config-if)＃show interface fastethernet 0/15   ! 显示接口 f0/15 的当前状态

可以查看到这三个接口的 IP 地址和状态是开通的。

步骤 5:设置各主机的 IP 地址

打开主机,设置主机 A 的 IP 地址为 192.168.1.11,子网掩码 255.255.255.0,默认网关为 192.168.1.1;设置主机 B 的 IP 地址为 192.168.2.11,子网掩码 255.255.255.0,默认网关为 192.168.2.1;设置主机 C 的 IP 地址为 192.168.3.11,子网掩码 255.255.255.0,默认网关为 192.168.3.1。

步骤 6:使用 ping 命令,分别从主机 A ping 主机 B,从主机 A ping 主机 C,从主机 B ping 主机 C。

结果应显示全部都能 ping 通。如果有些 ping 不通,则应检查交换机配置和相应主机的 IP 地址等设置是否正确。

12.6 思考题和实训练习

12.6.1 思考题

(1) 主机的 IP 地址和与之连接的三层交换机接口的 IP 地址是否应在相同的网段?

（2）三层交换机上不同接口的 IP 地址设置是否应该不同？

（3）总结三层交换机上设置 IP 地址的两种方法。

（4）在二层交换机上能设置 IP 地址吗？

12.6.2　实训练习

【实训背景描述】

某企业有两个主要部门——技术部和销售部，分处不同的办公室，为了安全和便于管理对两个部门的主机进行了 VLAN 的划分，技术部和销售部分处于不同的 VLAN。现由于业务的需求需要销售部和技术部的主机能够相互访问，获得相应的资源，两个部门的交换机通过一台三层交换机进行了连接。

【实训内容】

（1）在二层交换机上配置 VLAN2、VLAN3，分别将端口 2、端口 3 划到 VLAN2、VLAN3；

（2）将二层交换机与三层交换机相连的端口 F0/1 都定义为 Tag Vlan 模式；

（3）在三层交换机上配置 VLAN2、VLAN3，此时验证二层交换机 VLAN2、VLAN3 下带主机之间不能互相通信；

（4）设置三层交换机 VLAN 间通信，创建 VLAN2、VLAN3 的虚拟接口，并配置虚拟接口 VLAN2、VLAN3 的 IP 地址；

（5）查看三层交换机路由表；

（6）将二层交换机 VLAN2、VLAN3 下带主机默认网关分别设置为相应虚拟接口的 IP 地址；

（7）验证二层交换机 VLAN2、VLAN3 下带主机之间可以互相通信。

【实训拓扑图】

实训拓扑图如图 12-2 所示。

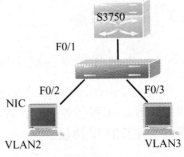

图 12-2

12.7　实验报告

完成实训练习，并撰写实验报告。实验报告的内容包括：

（1）实验目的；

（2）实验要求和任务；

（3）实验步骤；

（4）实验源码及注释；

（5）实验中未解决的问题；

（6）实验小结。

实验 13　基于交换机的 IPv6 实验

13.1　实验目的

（1）了解 IPv6 的地址构成情况；

（2）掌握 Windows 系统中 IPv6 地址的配置方法；

（3）掌握对联入主机、配 IPv6 地址的机器网络测试其连通性的方法；

（4）掌握在交换机上配置 IPv6 地址的方法。

13.2　实验内容

（1）在主机上安装 IPv6 协议栈；

（2）在主机上配置 IPv6 地址；

（3）在交换机上开启 IPv6 协议栈；

（4）在交换机上配置 IPv6 地址；

（5）在交换机上测试 IPv6 地址连通性。

13.3　相关知识点

13.3.1　下一代网际协议 IPv6

IPv6 是 Internet Protocol Version 6 的缩写，也被称作下一代互联网协议，它是由 IETF 小组（Internet 工程任务组，Internet Engineering Task Force）设计的用来替代现行的 IPv4 协议的一种新的 IP 协议。

13.3.2　如何理解 IPv6 的地址表示方法

IPv6 的记录长度要比 IPv4 长很多，以前没有考虑兼容 IPv6 的都需要增加长度。

目前的 IPv4 地址表现形式采用的是点分十进制形式，那么下一代的 IPv6 地址如何表达呢？由于 IPv6 地址长度 4 倍于 IPv4 地址，所以表达起来比 IPv4 地址复杂得多。IPv6 地址的基本表达方式是 x:x:x:x:x:x:x:x，其中 x 是一个 4 位十六进制整数，占 16 位二进制数。每个 IP 地址包括 8 个整数，共计 128 位（$4\times4\times8=128$）。例如，下面是一些合法的 IPv6 地址：

CDCD:901A:2222:5498:8475:1111:3900:2020

1030：0：0：0：C9B4：FF12：48AA：1A2B

2000：0：0：0：0：0：0：1

请注意这些整数是十六进制整数。地址中的每个整数都必须表示出来,但起始的 0 可以不必表示。上面给出的是一种比较标准的 IPv6 地址表达方式,此外还有另外两种更加清楚和易于使用的方式。

某些 IPv6 地址中可能包含一长串的 0(就像上面的第二和第三个例子一样)。当出现这种情况时,标准中允许用"空隙"来表示这一长串的 0。换句话说,地址 2000：0：0：0：0：0：0：1 可以被表示为 2000：：1。这两个冒号表示该地址可以扩展到一个完整的 128 位地址。在这种方法中,只有当 16 位组全部为 0 时才会被两个冒号取代,且两个冒号在地址中只能出现一次,以避免混淆。

在 IPv4 和 IPv6 的混合环境中还可能有第三种表达方法。IPv6 地址中的最低 32 位可以用于 IPv4 地址的表示方法,该地址可以按照一种混合方式表达,即 x：x：x：x：x：x：d.d.d.d,其中 x 表示一个 16 位整数,而 d 表示一个 8 位十进制整数。例如,地址 0：0：0：0：0：0：10.0.0.1 就是一个合法的 IPv4 地址。把两种可能的表达方式组合在一起,该地址也可以表示为：：10.0.0.1。

IPv6 地址和 IPv4 地址还有一个区别,那就是地址类型。众所周知,目前的 IPv4 地址有三种类型:单播(unicast)地址、组播(multicast)地址、广播(broadcast)地址。而 IPv6 地址虽然也是三种类型,但是已经有所改变,它们是单播(unicast)、组播(multicast)、任播(anycast)。

◇ 单播地址:一个网络接口的地址。送往一个单播地址的包将被传送至该地址标识的接口上。

◇ 组播地址:一组接口(一般属于不同节点)的网络地址。送往一个组播地址的包将被传送至有该地址标识的所有接口上。

◇ 任播地址:一组接口(一般属于不同节点)的网络地址。送往一个任播地址的包将被传送至该地址标识的接口之一(根据选路协议对于距离的计算方法选择"最近"的一个)。

◇ 广播地址:一个网段内的所有节点。送往一个广播地址的包将被送至网段内的所有节点。

在 IPv6 地址中之所以要去掉广播地址,而重新定义任播地址,主要是考虑到网络中由于大量广播包的存在,容易造成网络的阻塞,而且由于网络中各节点都要对这些大部分与自己无关的广播包进行处理,对网络节点的性能也造成影响。

13.3.3 解决 IP 地址耗尽的措施

Internet 的主机都有一个唯一的 IP 地址,现有的 IP 地址用一个 32 位二进制的数表示一个主机号码,但 32 位地址资源有限,已经不能满足用户的需求了,因此 Internet 研究组织发布新的主机标识方法,即 IPv6。IPv4 只能支持 32 位的地址长度,因此所能分配的地址数目也是有限的,大致相当于 4294967296,即 2^{32}。在 IP 协议最早使用的时候,这个数字还是相当可观的,但是随着近几年全球范围内计算机网络的爆炸性增长,可以使用的 IPv4 地址空间已经越来越有限。为了从根本上解决 IP 地址空间不足的问题,提供更加广阔的网络发展空间,人们对 IPv4 进行改进,推出功能更加完善和可靠的 IPv6。IPv6 对地址分配系统进行了改进,支持 128 位的地址长度,在性能和安全性上有所增强。

13.3.4　IPv6 的基本首部

(1) IPv6 的地址用 16 个字节表示,地址空间是 IPv4 的 2^{96} 倍。

(2) 简化了 IP 分组头,它包含 8 个段(IPv4 是 12 个段)。这一改变使得路由器能够更快地处理分组,从而可以改善吞吐率。

(3) IPv6 更好地支持选项。这一改变对新的分组头很重要,因为一些从前是必要的段现在变成可选的了。此外,表示选项的方式也有所不同,使得路由器能够简单地跳过跟它们无关的选项。这一特征加快了分组处理速度。

(4) 安全性。身份验证和保安功能是这个新的 IP 的关键特征。

(5) 有关资源分配。取代 IPv4 的服务类型段,IPv6 的流标记段支持对属于一个特别的交通流(对应的发送端可能请求特别的处理)的标记,从而能够支持诸如实时视频这样的特殊交通。

13.3.5　IPv6 的扩展首部

IPv6 标准建议在使用多个扩展头时,IPv6 的头以下列次序出现:

(1) IPv6 头,总是出现在开头位置。

(2) 按跳段逐级处理的选项头。

(3) 目的地选项头,用于被在 IPv6 目的地地址段中出现的第一个目的地处理的选项,该选项也会被随后在路由选择头中列出的目的地处理。

(4) 路由选择头。

(5) 分割 IPv6 头。

(6) 身份验证 IPv6 头。

(7) 加密安全性载荷头,

(8) 目的地选项头:用于仅被分组的最终目的地处理的选项。

13.3.6　从 IPv4 向 IPv6 过渡

1. 双协议栈

在完全过渡到 IPv6 之前,使一部分主机和路由器装有两个协议,一个 IPv4 协议和一个

IPv6 协议。

2. 隧道技术

在 IPv4 区域中打通了一个 IPv6 隧道来传输 IPv6 数据分组。

13.3.7　ICMPv6

跟 IPv4 一样,IPv6 也要使用 ICMP。RFC1885 定义了新版本的 ICMP,称作 ICMPv6。它具有下列主要特征:

◇ 使用一个新的协议号,以区别于跟 IPv4 一起使用的 ICMP;

◇ 使用跟 ICMPV4 相同的头格式;

◇ 删去了一些较少使用的 ICMP 报文;

◇ ICMP 报文的最大尺寸被定义成 576 个字节(包括 IPv6 头)。

与 IPv4 的 ICMP 的使用相同,ICMPv6 提供了在 IPv6 节点之间传送错误报文和信息性报文的手段。在大多数情况下,ICMPv6 报文都是作为对一个 IPv6 分组的响应而发送的,要么由沿着分组的通路上的路由器发送,要么由指定的目的地节点发送。ICMPv6 报文封装在 IPv6 分组中传送。

IPv6 就是能够无限制地增加 IP 网址数量、拥有巨大网址空间和卓越网络安全性能等特点的新一代互联网协议。

IPv6 的技术特点是地址空间巨大。IPv6 地址空间由 IPv4 的 32 位扩大到 128 位,2 的 128 次方形成了一个巨大的地址空间。采用 IPV6 地址后,未来的移动电话、冰箱等家电信息都可以拥有自己的 IP 地址。

13.3.8　Windows 下的 IPv6 配置命令

Windows XP 里面虽然自带有 IPv6 协议包,但默认是没有安装的。在 Windows XP 下安装 IPv6 协议的方法和其他相关命令如下:

(1) 安装 IPv6 协议

点击“开始”->“运行”,输入“cmd”,然后在命令提示符下输入“ipv6 install”进行 IPv6 协议栈的安装。正常情况下会提示“Installing... Succeeded.”。

如果想卸载 IPv6,那么执行命令“ipv6 uninstall”,然后重新启动计算机即可。

(2) ipv6 [-v] if [ifindex]

通过这条命令显示 IPv6 所有接口界面的配置信息。在 IPv6 中,所有的接口都是通过接口索引来标识的,执行“ipv6 if”将能看到所有的支持 IPv6 的接口及其相关信息(包括接口索引)。如果需要察看某个具体接口,比如接口 4,则执行“ipv6 if 4”。

通常情况下,安装 IPv6 协议栈后一块网卡默认网络接口有 4 个。Interface 1 用于回环接口;Interface 2 用于自动隧道虚拟接口;Interface 3 用于 6to4 隧道虚拟接口;Interface 4 用于正常的网络连接接口,即 IPv6 地址的单播接口。如果有多块网卡,则后面还有其他接口。

(3) ipv6 [-p] adu *ifindex/address* [life *validlifetime*]

通过这条命令能够给某个接口添加 IPv6 地址。[-p]表示把所做的配置保存,如果不加此参数进行配置,则当计算机关机后配置将丢失。其他命令中的[-p]参数作用相同。[life *validlifetime*]设置 IPv6 地址的存活时间。

例如,如果要给接口 4 添加 IPv6 地址 3ffe:321f::1/64,则需要执行如下命令:

ipv6 adu 4/3ffe:321f::1

要删除上面指定的 IPv6 地址,可以执行如下命令:

ipv6 adu 4/3ffe:321f::1 life 0

ipv6 adu 这个命令不能指定子网掩码。所以,必须指定一条路由,说明接口 4 是属于什么样的子网的,比如:ipv6 rtu 3ffe:321f::/64 4。

路由表项的删除与接口地址的删除方法一样,把 lifetime 设为 0。例如,要删除上面指定的缺省路由,可以执行如下命令:

ipv6 rtu 3ffe:321f::/64 4 life 0

(4) ipv6 ifcr v6v4 *v4src v4dst*

这条命令用来建立 IPv6/IPv4 隧道(tunnel)。例如,要与另一台机器建立 IPv6/IPv4 隧道,本机 IPv4 地址是 166.111.8.28,对方的 IPv4 地址是 202.38.99.9,那么可以执行如下命令来建立 IPv6/IPv4 隧道:

ipv6 ifcr v6v4 166.111.8.28 202.38.99.9

执行完这条命令之后,系统会告诉新创建的接口的索引值。

(5) ipv6 ifd *ifindex*

这条命令用来删除一个接口。比如,新建了一条 IPv6/IPv4 隧道,其接口索引为 5,如果不再用这条隧道,则可以执行如下命令将它删除:

ipv6 ifd 5

(6) ping6 *address*

这条命令用来检查能否到达对方设备。比如,ping6 3ffe:321f::1。

13.4　实验环境与设备

1 台三层交换机 S3760,PC 机 1 台,RJ-45 线缆 1 根。

实验拓扑图如图 13-1 所示。

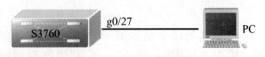

图 13-1　IPv6 实验拓扑图

13.5　实验步骤

步骤 1:连接线路。

步骤 2：配置交换机 S3760 的 IPv6 地址。

S3760-1♯con

S3760-1(config)♯int gigabitEthernet 0/27

S3760-1(config-if)♯no switchport　！切换为三层路由接口

S3760-1(config-if)♯ipv6 enable　　　！开启 IPV6 功能

S3760-1(config-if)♯ipv6 address 2:5::1/64　　　！配置 IPv6 地址

S3760-1(config-if)♯no shutdown

S3760-1(config-if)♯exit

S3760-1(config)♯

步骤 3：在 PC 机上安装 IPv6 协议，设置 IPv6 地址。

在命令提示符下执行下列命令：

C>ipv6 install

C>ipv6 adu 2:5::2

C> ipv6 rtu 2:5::2/64

步骤 4：验证测试。

在 PC 机上的命令方式下 ping 交换机接口 g0/27 的 IPv6 地址，ping 命令如下：

ping6 2:5::2

ping6 2:5::1

观察到的结果如图 13-2 所示。

图 13-2　用 ping 命令测试 IPv6 地址

13.6　思考题和实训练习

13.6.1　思考题

（1）IPv6 地址其简单表示方式要注意的问题有哪些？

（2）IPv6 地址分为几种类型？每种类型有何作用？

（3）IPv6 和 IPv4 地址是否可以一起表示？如果可以，则表示它的格式是怎样的？

13.6.2　实训练习

【实训背景描述】

某企业有两个主要部门，技术部和销售部，分别处于不同的办公室，并且技术部和销售部的主机处于不同的网段中，各主机的 IP 地址使用 IPv6 地址。现要求销售部和技术部的主机能够相互访问，获得相应的资源，两个部门通过一台三层交换机进行了连接。

【实训内容】

（1）在 PC1、PC2 主机上配置 IPv6 地址。

（2）在三层交换机上配置与 PC1 和 PC2 相连的端口 f0/1 和 f0/2 的 IPv6 地址。

（3）用 ping6 命令测试 PC1 和 PC2 的连通性。

【实训拓扑图】

实训拓扑如图 13-3 所示。

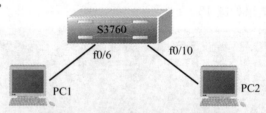

图 13-3　使用 IPv6 地址连通主机

13.7　实验报告

完成实训练习，并撰写实验报告。实验报告的内容包括：

（1）实验目的；

（2）实验要求和任务；

（3）实验步骤；

（4）实验源码及注释；

（5）实验中未解决的问题；

（6）实验小结。

实验 14　无线局域网的组建与设置

14.1　实验目的

(1) 认识无线局域网及有关设备；
(2) 掌握组建无线局域网的基本设置步骤。

14.2　实验内容

(1) 掌握组建无线局域网的几种常见技术；
(2) 掌握采用 802.11b/a/g 技术组建无线局域网所需的设备及设置方法。

14.3　相关知识点

1. 无线局域网(WLAN)的定义

无线局域网是计算机网络与无线通信技术相结合的产物。它利用射频(Radio Frequency，RF)技术，取代旧式双绞铜线(Coaxial)所构成的局域网。通俗地说，无线局域网就是在不采用传统电缆线的同时，提供传统有线局域网的所有功能，网络所需的基础设施不需要再埋在地下或隐藏在墙里，网络却能够随着实际需要移动或变化。

无线局域网技术具有传统局域网无法比拟的灵活性。无线局域网的通信范围不受环境条件的限制，网络的传输范围大大拓宽，最大传输范围可达到几十千米。在有线局域网中，两个站点的距离在使用铜缆时被限制在 500 m，即使采用单模光纤也只能达到 3 000 m，而无线局域网中两个站点间的距离目前可达到 50 km，距离数千米的建筑物中的网络可以集成为同一个局域网。

2. 无线局域网的传输介质

无线局域网在有线局域网的基础上通过无线集线器、无线访问节点、无线网桥、无线网卡等设备使无线通信得以实现。与有线网络一样，无线局域网同样也需要传送介质。只是无线局域网采用的传输媒体不是双绞线或者光纤，而是红外线或者无线电波，以后者使用居多。

(1) 红外线系统

红外线局域网采用小于 1 μm 波长的红外线作为传输媒体，有较强的方向性，由于它采用低于可见光的部分频谱作为传输介质，使用不受无线电管理部门的限制。红外信号要求视距传输，并且窃听困难，对邻近区域的类似系统也不会产生干扰。在实际应用中，由于红外线具有很高的背景噪声,受日光、环境照明等影响较大,一般要求的发射功率较高,红外无线局域网是目前"100 Mbit/s 以上、性能价格比高的网络"唯一可行的选择。

（2）无线电波

目前在无线局域网中,采用的较多的通信介质是无线电波,这主要是因为无线电波的覆盖范围较广,具有很强的抗干扰抗噪声能力、抗衰落能力,应用较广泛。

由于 WLAN 具有传统局域网所没有的众多优点,使得它在办公、企业、家庭等众多场合得到了广泛的应用。

目前可以通过红外、蓝牙及 802.11b/a/g 三种无线技术组建无线办公网络。红外技术的数据传输速率仅为 115.2 kbps,传输距离一般只有 1 m;蓝牙技术的数据传输速率为 1 Mbps,通信距离为 10 m 左右;而 802.11b/a/g 的数据传输速率达到了 11 Mbps,并且有效距离长达 100 m,更具有"移动办公"的特点,可以满足用户运行大量占用带宽的网络操作,基本就像在有线局域网上一样。所以 802.11b/a/g 比较适合用在办公室构建的企业无线网络(特别是笔记本计算机)。

拥有一台无线局域网接入器(无线 AP)即可组建无线网络。蓝牙根据网络的概念提供点对点和点对多点的无线连接。在任意一个有效通信范围内,所有设备的地位都是平等的。当然,从另一个角度来看,蓝牙更适合家庭组建无线局域网。

14.4　实验环境与设备

组建无线局域网,需要准备无线网卡和无线 AP,如图 14-1 和图 14-2 所示。无线 AP(Access Point)即无线接入点,它是用于无线网络的无线交换机,也是无线网络的核心。无线 AP 是移动计算机用户进入有线网络的接入点,主要用于宽带家庭、大楼内部以及园区内部,典型距离覆盖几十米至上百米,目前主要技术为 802.11 系列。大多数无线 AP 还带有接入点客户端模式(AP client),可以和其他 AP 进行无线连接,延展网络的覆盖范围,是一

图 14-1　无线网卡

图 14-2　无线 AP

个包含很广的名称,它不仅包含单纯性无线接入点(无线 AP),也同样是无线路由器(含无线网关、无线网桥)等类设备的统称。如果计算机本身不具备无线网卡,那么可以使用相同协议的 PCMCIA、USB 等接口的 802.11b 无线网卡。选择无线 AP 时,一般选择小型办公使用的 USB 无线 AP。商务办公的公司尽量选择功能和性能强一些的无线 AP,这关系到商务办公计算机上网的稳定性和安全性。

在实验中,以 5 台计算机为一组,其中 1 台计算机(1 号机)上连接一台用 ADSL 拨号的电话和一台无线 AP,另四台计算机通过无线网关连接到 1 号机器的 AP 上组成无线网络。

14.5　实验步骤

步骤 1:无线网卡安装。

设备准备好后,首先需要将设备进行安装并配置。不管是使用笔记本内置无线网卡,还是通过扩展安装无线网卡,首先需要安装好无线网卡的驱动程序。一般而言,在 Windows XP 下无线网卡无需安装驱动,系统可自动识别无线网卡。但对兼容性的考虑,还是建议安装网卡自身的最新驱动。

步骤 2:无线网络的安装。

Windows XP SP2 中对无线的支持也有很大程度的提高,对于无线网络的支持主要从安全和易用性两个方面进行了加强。

(1) 首先在 Windows XP 中安装 SP2 补丁,然后进入“控制面板”的“无线网络安装向导”。

(2) 点击“下一步”进入“创建无线网络名称”窗口。在“网络名”中输入 SSID 名称,SSID 主要用来区别不同的无线网络,请根据自己的情况进行设置。如果选择“自动分配网络密匙”选项,Windows 将自动创建密匙(推荐),如果点选“手动分配网络密匙”选项,那么将需要自己添加密匙。如果确认自己的所有无线设备都支持 WPA,请勾选“使用 WPA 加密,不使用 WEP”。

(3) 点击“下一步”进入“创建无线网络方法选择”窗口。Windows XP SP2 中的“无线网络安装向导”提供了两种方法来创建无线网络:使用 USB 闪存驱动器和手动设置网络。手动设置网络需要手工为无线设备设置相应参数。在 Windows XP SP2 中一般不采用“手动设置网络”,除非无线设备不支持微软的 WSNK 快速配置。如果无线设备不支持 WSNK 快速配置,就在选中“手动设置网络”后,按下“下一步”,选择“打印网络设置”,然后根据打印信息到相应的无线设备上进行手工设置。

(4) 选择“使用 USB 闪存驱动器”点“下一步”Windows XP SP2 借助于 USB 闪存驱动器可以自动、快速地完成无线网络的配置,首先将把 USB 闪存盘与计算机连接好,然后在“将设置保存到闪存驱动器”窗口中,选择 USB 闪存盘的盘符,就可以制作一个可以自动配置其他无线网络设备的 USB 盘。

（5）当出现"将您的网络设置传送到其他计算机或设备"窗口时，将闪存盘从此计算机取出，插入其他须要配置的无线访问点。如果无线设备支持 WSNK，则可以自动配置，并在配置完毕后闪三下（如果没有闪三下，请等待 30 s）。当所有无线访问点配置完毕后，把闪存盘插回原来的计算机，并在"无线网络安装向导"中点击"下一步"，弹出设置成功窗口，此时所设置的所有"网络设备"都会在该窗口中显示。

步骤 3：联网计算机的 IP 设置。

为每台计算机的无线网卡设置一个 IP 地址（如 192.168.168.1、192.168.168.2、192.168.168.3……），如果此时已经安装好了无线 AP，那么无线网卡将会自动搜索无线 AP，最初无线网卡会搜索到一个无线接入点，由于这个连接没有使用 WEP 加密，因此这个连接是不安全的，系统会提示是否要连接。

步骤 4：安装无线 AP。

用 USB 线将 AP 连接到 1 号机器上，将 ADSL 拨号的网线接到无线 AP 的 LAN 接口，然后将无线 AP 的电源连接好，打开无线 AP 电源开关，此时可以看到无线 AP 的工作指示灯亮了。系统开始搜索设备，安装好无线 AP 驱动和管理软件，接着开始搜索 IP 地址。找到 IP 地址后按"确定"结束搜索。

步骤 5：无线网络的安全设置。

虽然通过 WEP 或 WPA 加密、禁用 SSID 广播等措施可以对无线网络进行加密设置，保护网络的安全，但无线网络还是非常脆弱。在安装 Windows XP SP2 之后，通过它所提供的增强型防火墙功能可以增强无线网络的安全性。

（1）打开"控制面板"中的"网络连接"，右键点击已经建立的"无线网络连接"，选择"属性"打开属性窗口。接着选择"高级"选项卡，在"Windows 防火墙"区域点击"设置"按钮打开"Windows 防火墙"窗口，在"常规"选项卡中选择"启用"。

（2）在"例外"选项卡中能够添加可以访问网络的"例外程序"和服务，比如 MSN Messenger、QQ 等等。此外，点击"添加程序"按钮还可以添加其他要访问网络的程序，比如泡泡堂、UC 等；点击"添加端口"按钮可以添加要访问网络的端口号，包括 TCP 和 UDP 端口。接下来在"高级"选项卡中，选中"无线网络连接"。最后，点击"确定"按钮就可启用无线网络的防火墙。

（3）在 Windows XP 当中，要设置 802.1x 身份验证，可打开网络连接。右键单击要为其启用或禁用 IEEE 802.1x 身份验证的连接，然后单击"属性"。在"身份验证"选项卡上，要为此连接启用 IEEE 802.1x 身份验证，请选中"使用 IEEE 802.1X 的网络访问控制"复选框。默认情况下将选中此复选框。在"EAP 类型"中，单击要用于此连接的"可扩展的身份验证协议"类型。当然，最好能采用无线 AP 自带的安全功能，方法是：进入无线 AP 软件管理界面，进入"无线设置"界面，在"SSID"文本框中可以输入该无线网络服务设置标识（即无线网络名称），该标识不能超过 32 位字符；在"Channel"项中选择该无线网络使用的频道，一般会提供 1～13 个频道供选择,在此可以根据需要进行选择。最后单击"OK"按钮设置生效。当然,这里还可以设置 IP、加密等信息,这些都可以在无线 AP 的管理软件里设置。

14.6　思考题

（1）如何组建蓝牙无线局域网？

（2）在无线局域网中有哪些安全问题？常见的解决方案是什么？

第三单元　网间通信配置

实验 15　路由器的连接和使用

15.1　实验目的

（1）了解路由器的硬件结构及主要技术参数；
（2）了解路由器的外观、指示灯、接口类型；
（3）掌握路由器基本配置命令；
（4）掌握查看路由器系统和配置信息。

15.2　实验内容

（1）熟悉路由器的指示灯、接口及类型；
（2）按拓扑图连接计算机和路由器；
（3）通过超级终端登录到路由器；
（4）路由器基本配置和查询；
（5）使用 telnet 命令登录到路由器。

15.3　相关知识点

15.3.1　路由器部件

1. 路由器指示灯介绍
以锐捷设备为例，如图 15-1 所示，指示灯状态说明：

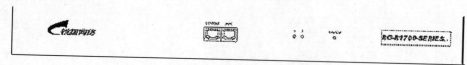

图 15-1　R1762 路由器前面板

◇ System 指示灯：当系统自检时该灯为绿色闪烁，正常工作时该灯为常绿色。当系统运行出现故障但还可以继续运行时，该灯为红色常亮；当系统致命故障需要重新启动路由器时,该灯为红色闪烁。

◇ Ready 0~1 指示灯:两个线卡模块(含固化模块)的状态指示灯,当某个线卡模块正常运行时相应的指示灯常绿,当某个线卡模块故障时相应的指示灯灭。

2. 功能模块介绍

(1) 快速以太网接口模块

包括两种型号模块:2 端口 10Base-T/100Base-TX 快速以太网接口模块(NM-2FE-TX),使用的电缆为 RJ-45 接头的标准五类 8 芯非屏蔽双绞线(见图 15-2)。

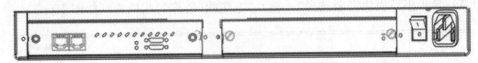

图 15-2　R1762 路由器后面板

指示灯包含每个端口的工作状态指示和子卡 Ready 指示灯(见图 15-3)。每个 RJ-45 端口有 2 个状态指示灯,分别为:Link/Act、100Mbps。

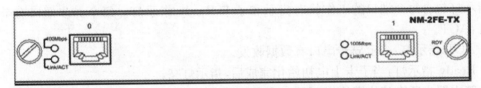

图 15-3　2 端口 10Base-T/100Base-TX 快速以太网接口模块(NM-2FE-TX)外观图

◇ Link/Act 指示灯:灯亮,表示端口与其他网络设备 LinkUp;灯闪烁,表示网络中有数据正在传输;灯灭,表示未建立连接。

◇ 100 Mbps 指示灯:灯亮,表示传输速率为 100 Mbps;灯灭,表示传输速率为 10 Mbps。

◇ Ready 指示灯:当子卡上电初始化完成后,指示灯亮。

(2) 高速同异步串口模块

包括两种型号模块:2 端口高速同异步串口模块(NM-2HAS)、4 端口高速同异步串口模块(NM-4HAS)。选择配置电缆包括 V24DTE、V24DCE、V35DTE 和 V35DCE。2 端口高速同异步串口模块(NM-2HAS)V1.XX 只支持同步模式(见图 15-4)。

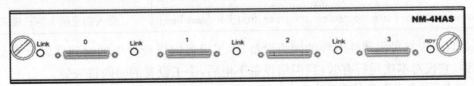

图 15-4　2 端口高速同异步串口模块(NM-2HAS)外观图

指示灯包含每个端口的工作状态指示和子卡 Ready 指示灯。每个同异步端口有个状态指示灯为：Link。

◇ Link 指示灯：表示同异步接口和外部互联设备的物理链路建立连接并且上层的协议为 UP。

◇ Ready 指示灯：当子卡上电初始化完成后，指示灯亮。

（3）异步串口模块

包括两种型号模块 8 端口异步串口模块（NM-8A）和 16 端口异步串口模块（NM-16A）。异步串口模块需要选择"一拖八"电缆线（俗称为八爪鱼）（如图 15 - 5）。

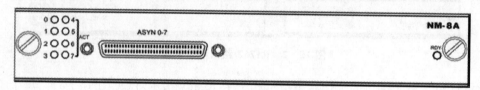

图 15 - 5   8 端口异步串口模块（NM-8A）外观图

指示灯包含每个端口的工作状态指示和子卡 Ready 指示灯。每个异步端口有个状态指示灯：ACT。

◇ ACT 指示灯：表示异步串口有数据收发。

◇ Ready 指示灯：当子卡上电初始化完成后，指示灯亮。

在路由器中还有其他模块，如 ISDN BRI U 接口模块、VOIP FXS 接口语音模块、VOIP FXO 接口语音模块、E1/CE1 模块、E1 语音模块、硬加密模块、NM-1CPOS-STM1 模块、交换卡模块、WIC 高速同步串口模块、WIC-1E1- F 接口模块等。

15.3.2　LINE 模式配置

1. 进入 LINE 模式

通过表 15 - 1 中的命令进入到指定的 LINE 模式，可以在 LINE 模式下，对具体的 LINE 进行配置。

表 15 - 1   进入 LINE 模式

命　令	作　用
Ruijie(config)＃ line［aux │ console │ tty │ vty］first-line［last-line］	进入指定的 LINE 模式

但是对于没有提供硬件时钟的网络设备，手工设置网络设备上的时间实际上只是设置软件时钟，它仅对本次运行有效，当网络设备下电后，手工设置的时间将失效。

2. 增加/减少 LINE VTY 数目

默认情况下，line vty 的数目为 5。可以通过表 15 - 2 中的命令增加或者减少 line vty

的数目。VTY 最大数目可以增加到 36。

表 15 - 2　增加/建设 LINE VTY 数目

命　令	作　用
Ruijie(config) # line vty *line-number*	将 LINE VTY 数目增加到某个值
Ruijie(config) # no line vty *line-number*	将 LINE VTY 数目减少到某个值

3. 配置 Line 下的可通讯协议

如果需要限制 LINE 线路下可以通讯的协议类型,可以通过表 15 - 3 的命令进行设置。缺省情况下,VTY 类型可以允许所有协议进行通讯;而其他类型的 TTY,不允许任何协议进行通讯。

TTY 线路与异步接口一一对应,远程 PC,Macintosh 或 UNIX 主机通过 MODEM 拨号访问。

VTY 线路、虚拟终端线路、相应的同步口是动态地在路由器上创建的,像 Ethernet、serial、Token Ring 和 FDDI 接口,通过 Telnet 访问。

表 15 - 3　配置 LINE 下的可通讯协议

命　令	作　用
configure terminal	进入配置模式
Line vty *line number*	进入 Line 配置模式
transport input {*all* | *ssh* | *telnet* | *none*}	配置对应 Line 下可以通讯的协议
no transport input	配置 LINE 下不允许任何协议通讯
default transport input	恢复 LINE 下的通讯协议为默认配置

4. 配置 Line 下的访问控制列表

如果需要配置 LINE 线路下的访问控制,可以通过表 15 - 4 中的命令进行设置。缺省情况下,Line 下没有配置任何访问控制列表。接收所有连接,并允许所有外出的连接。

表 15 - 4　配置 LINE 下的访问控制列表

命　令	作　用
configure terminal	进入配置模式
Line vty *line number*	进入 Line 配置模式
access-class *access-list-number* {in | out}	配置对应 Line 下的访问控制列表
no access-class *access-list-number* {in | out}	取消对应 Line 下的访问控制列表

15.3.3　通过命令的授权控制用户访问

控制网络上的终端访问路由器的一个简单办法,就是使用口令保护和划分特权级别。口令可以控制对网络设备的访问,特权级别可以在用户登录成功后,控制其可以使用的命令。

从安全角度来看,口令是保存在配置文件中的,在网络上传输这些文件时(比如使用TFTP),希望保证口令的安全。因此口令在保存入参数文件之前将被加密处理,明文形式的口令变成密文形式的口令。命令 enable secret 使用了私有的加密算法。

1. 缺省的口令和特权级别配置

缺省没有设置任何级别的口令,缺省的级别是 15 级。

2. 设置和改变各级别的口令

表 15 - 5 列出了 RGNOS 提供的命令,用于设置和改变各级别的口令。

表 15 - 5　设置和改变各级别的口令

命　令	目　的
Ruijie(config)# enable password [level *level*]{*password* | *encryption-type encrypted-password*}	设置静态口令。目前只能设置 15 级用户的口令,并且只能在未设置安全口令的情况下有效 如果设置非 15 级的口令,系统将会给出一个提示,并自动转为安全口令 如果设置的 15 级静态口令和 15 级安全口令完全相同,系统将会给出一个警告信息
Ruijie(config)# enable secret [level *level*]{*encryption-type encrypted-password*}	设置安全口令,功能与静态口令相同,但使用了更好的口令加密算法。为了安全起见,建议使用安全口令
Ruijie# enable [*level*] 和 Ruijie# disable [*level*]	切换用户级别,从权限较低的级别切换到权限较高的级别需要输入相应级别的口令

在设置口令中,如果使用带 level 关键字时,则为指定特权级别定义口令。设置了特定级别的口令后,给定的口令只适用于那些需要访问该级别的用户。

3. 配置多个特权级别

在缺省情况下,系统只有两个受口令保护的授权级别:普通用户级别(1 级)和特权用户级别(15 级)。但是用户可以为每个模式的命令划分 16 个授权级别。通过给不同的级别设置口令,就可以通过不同的授权级别使用不同的命令集合。在特权用户级别口令没有设置的情况下,进入特权级别亦不需要口令校验。为了安全起见,最好为特权用户级别设置口令。

4. 配置线路(line)口令保护

RGNOS 支持对远程登录(如 Telnet)进行口令验证,要配置 line 口令保护,在 line 配置模式下执行表 15 - 6 中的命令。

表 15－6 配置线路（line）口令保护

命　令	目　的
Ruijie(config-line)＃ password *password*	指定 line 线路口令
Ruijie(config-line)＃ login	启用 line 线路口令保护

15.3.4 通过 Telnet 方式管理

Telnet 在 TCP/IP 协议族中属于应用层协议，它给出了通过网络提供远程登录和虚拟终端通讯功能的规范。Telnet Client 服务为已登录到本网络设备上的本地用户或远程用户提供使用本网络设备的 Telnet Client 程序访问网上其他远程系统资源的服务，如图 15－6 所示。用户在微机上通过终端仿真程序或 Telnet 程序建立与路由器 A 的连接后，可通过表 15－7 中的 telnet 命令再登录设备 B，并对其进行配置管理。

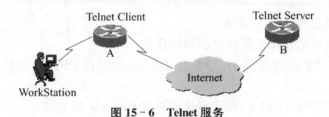

图 15－6 Telnet 服务

表 15－7 路由器上使用 Telnet

命　令	作　用
Ruijie＃ telnet *host-ip-address*	通过 Telnet 登录到远程设备

下面的例子是如何建立 Telnet 会话并管理远程路由器，远程路由器的 IP 地址是 192.168.65.119：

Ruijie＃ telnet 192.168.65.119 　　　　　　　　　　//建立到远程设备的 Telnet 会话
　　Trying 192.168.65.119 … Open
　　User Access Verification 　　　　　　　　　//进入远程设备的登录界面
　　Password：

15.3.5 基本测试命令

测试路由器的系统情况的命令。
◇ telnet hostname/ip address 登录远程主机
◇ ping hostname/ip address 侦测网络的连通性
◇ traceroute hostname/ip address 跟踪远程主机的路径信息

15.4　实验环境与设备

1 台路由器 RouterA,简单 PC 机 1 台(Windows 操作系统/超级终端软件),1 根 Console 口配置电缆线。

实验拓扑图如图 15－7 所示。

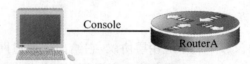

图 15－7　配置路由器

主机的 IP 地址:192.168.0.1,子网掩码 255.255.255.0。

15.5　实验步骤

步骤 1:认识路由器及相关部件。

步骤 2:按照实验拓扑图连接路由器和计算机。

通常连接路由器的配置线缆有三种:① DB9-to-DB9;② RJ-45 反转线＋DB9 转换器;③ RJ-45-to-DB9。

PC 机这端接在 COM1 口上,路由器这端接在 Console 口上。

步骤 3:设置主机 PC 的 IP 地址和子网掩码。

步骤 4:通过超级终端与路由器建立通讯连接。

(1) 打开超级终端,建立连接

单击"开始"→"程序"→"附件"→"通讯",选择"超级终端"选项。此时如果看到"位置信息"界面,可以点击"取消"和"是"按钮来取消后(如果在超级终端完成之前还遇到类似提示,处理方式相同),可以进入"新建连接——超级终端"中的"连接描述"如图 15－8 所示。

图 15－8　新建连接——连接描述

图 15－9　连接端口设定

在"名称"中输入自定义名称,假设这里使用"ROUTE",点击"确认"后,出现"连接到"界面,如图 15-9 所示。单击"确定",可以进入 PC 机的串口 COM 口设置。

（2）串口参数设定

在串口 COM1 口参数设定中,主要设定属性对话框中的参数:每秒位数为 9600（即波特率）;数据位为 8;奇偶校验位为无;停止位为 1;数据流控制为无。如图 15-10 所示。

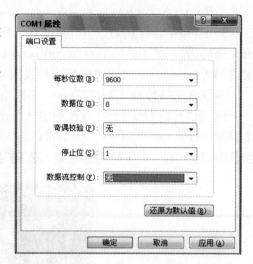

步骤 5:路由器加电检测。

给路由器上电,终端上显示路由器自动检测信息,自动检测结束后提示用户键入回车,之后会出现命令行提示符。

步骤 6:在路由器上配置 fastethernet0 端口的 IP 地址。

（1）进入全局配置模式

ROUTE♯configure terminal

（2）路由器更改设备名称

ROUTE(config)♯hostname RouterA

进入路由器接口配置模式:

RouterA(config)♯ interface fastethernet 0

（3）配置路由器管理接口 IP 地址

RouterA(config)♯ ip address 192.168.0.138 255.255.255.0

（4）开启路由器 fastethernet0 接口

RouterA(config)♯ no shutdown

步骤 7:配置路由器远程登录密码。

（1）进入路由器线路配置模式

RouterA(config)♯ line vty 0 4

（2）配置远程登录

RouterA(config-line)♯ login

（3）设置路由器远程登录密码为"ruijie"

RouterA(config-line)♯ password ruijie

（4）退回特权模式

RouterA(config-line)♯end

步骤 8:配置路由器特权模式密码。

设置路由器特权模式密码为"star"。

图 15-10 COM1 串口参数设置

RouterA(config)♯ enable secret star

或

RouterA(config)♯ enable password star

其中,路由器使用命令 RouterA(config)♯ enable secret star 是设置路由器特权模式的密文密码为"star",而 RouterA(config)♯ enable password star 是设置路由器特权模式的明文密码为"star"。如果同时使用两种设置,则密文密码生效。

步骤9:在 PC 机上测试 Telnet 到路由器。

PC 机"开始"菜单下"运行"中输入"cmd",这条命令可以进入"命令提示符"界面,在这个界面中输入命令"telnet 192.168.0.138"按下回车,如图 15-11 所示,表示进入 Telnet 界面状态,其中第一个密码为远程登录密码是"ruijie",第二个密码为特权模式密码是"star"。

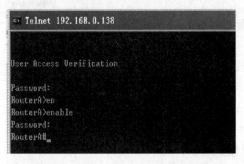

图 15-11 Telnet 管理路由器界面

15.6 思考题和实训练习

15.6.1 思考题

(1) 路由器的 LED 指示灯有哪些? 有什么样的功能?

(2) 通过 Console 口对路由器进行管理可以使用哪些线缆,如何连接?

15.6.2 实训练习

【实训背景描述】

你是某公司新进的网管,公司要求你熟悉网络产品,公司采用全系列锐捷网络产品,首先要求你登录路由器,了解、掌握路由器的命令行操作。

假设你是学校的网络管理员,你第一次在设备机房对路由器进行了初次配置后,希望以后在办公室或出差时也可以对设备进行远程管理,现要在路由器上做适当配置。

【实训内容】

（1）用标准 Console 线缆用于连接计算机的串口和路由器的 Console 上。在计算机上启用超级终端，并配置超级终端的参数，使计算机与路由器通过 Console 口建立连接；

（2）配置路由器的管理 IP 地址，并为 Telnet 用户配置用户名和登录口令。配置计算机的 IP 地址（与路由器管理 IP 地址在同一个网段），通过网线将计算机和路由器相连，通过计算机 Telnet 到路由器上对交换机进行查看；

（3）更改路由器的主机名；

（4）擦除配置信息、保存配置信息、显示配置信息；

（5）显示当前配置信息；

（6）显示历史命令。

【实训拓扑图】

实训拓扑图与图 15 - 7 相同。

15.7　实验报告

完成实训练习，并撰写实验报告。实验报告的内容包括：

（1）实验目的；

（2）实验要求和任务；

（3）实验步骤；

（4）实验源码及注释；

（5）实验中未解决的问题；

（6）实验小结。

实验 16 路由器配置模式和命令使用

16.1 实验目的

（1）掌握路由器配置模式及转换方法；
（2）掌握路由器的基本配置命令；
（3）掌握查看路由器系统和配置信息命令。

16.2 实验内容

（1）进入路由器的各种模式；
（2）配置路由器端口信息；
（3）查看路由器系统和配置信息。

16.3 相关知识点

16.3.1 路由器命令模式

表 16-1 列出了锐捷路由器命令的各个模式，这里假定路由器的名字为缺省的"Router"。其中，用户模式、特权模式、全局模式和接口模式的概念与交换机中的描述相同，路由器中增加了线路模式和路由器模式，但没有 VLAN 模式。

表 16-1 路由器命令模式概要

命令模式	访问方法	提示符	离开或访问下一模式	关于该模式
用户模式	访问路由器时首先进入该模式	Router＞	输入 exit 命令离开该模式。要进入特权模式，输入 enable 命令	使用该模式来进行基本测试、显示系统信息
特权模式	在用户模式下，使用 enable 命令进入该模式	Router＃	要返回到用户模式，输入 disable 命令。要进入全局配置模式，输入 configure 命令	使用该模式来验证设置命令的结果。该模式是具有口令保护的
全局模式	在特权模式下，使用 configure 命令进入该模式	Router (config)＃	要进入接口配置模式，输入 interface 命令	使用该模式的命令来配置影响整个设备的全局参数

（续表）

命令模式	访问方法	提示符	离开或访问下一模式	关于该模式
接口模式	在全局配置模式下，使用 interface 命令进入该模式	Router (config-if)#	要返回到全局配置模式，输入 exit 命令。在 interface 命令中必须指明要进入哪一个接口配置子模式	使用该模式配置设备的各种接口
线路模式	在全局配置模式下，使用 line 命令进入该模式	Router (config-line)#	要返回到全局配置模式，输入 exit 命令。在 line 命令中必须指明要设置的线路参数	使用该模式配置路由器的线路参数
路由器模式	在全局配置模式下，使用 router 命令进入该模式	Router (config-router)#	要返回到全局配置模式，输入 exit 命令。在 router 命令中必须指明要设置的路由协议	使用该模式配置路由信息

　　注：除了用户模式外，其他的任何模式如果要返回到特权模式，则直接使用 end 命令。

16.3.2　系统名称和命令提示符

　　为了管理的方便，可以为一台路由器配置系统名称，用来标识这台路由器。当没有配置命令提示符时，系统名称将作为提示符。提示符将随着系统名称的变化而变化，在 RGNOS 中，若系统名称为空，则使用"Ruijie"作为命令提示符。

　　1. 配置路由器系统名称

　　在全局配置模式下配置"路由器系统名称"的命令如下：

　　　　Router(Config)# hostname *name*

　　其中 *name* 是路由器的系统名称，必须由可打印字符组成，长度不能超过 255 个字节。可以使用 no hostname 来将系统名称恢复位缺省值。

　　下面的例子将路由器的名称改成 RGNOS：

　　　　Router# configure terminal　　　　　　//进入全局配置模式
　　　　Router(config)# hostname RGNOS　　　　//设置路由器名称为 RGNOS
　　　　RGNOS(config)#　　　　　　　　　　　//名称已经修改

　　2. 配置命令提示符

　　在全局配置模式下配置"命令提示符"的命令如下：

　　　　Router# prompt *string*

　　其中 *string* 是命令提示符，名称必须由可打印字符组成，长度不能超过 22 个字节。可以使用 no prompt 来将命令提示符恢复为缺省值。

16.3.3　控制台速率配置

路由器有一个控制台接口(Console)，通过这个控制台接口，可以对路由器进行管理。可以根据需要使用表 16-2 中的命令改变路由器串口的速率。需要注意的是，用来管理路由器的终端的速率设置必须和路由器的控制台的速率一致。

表 16-2　控制台速率配置

命　　令	作　　用
Router(config-line)＃ speed *speed*	设置控制台的传输速率 *speed*，单位是 bps。对于串行接口，只能将传输速率设置为 9600、19200、38400、57600、115200 中的一个，缺省的速率是 9600

下面的例子表示如何将串口速率设置为 57600 bps。

Router＃configure terminal	∥进入全局配置模式
Router(config)＃ line console 0	∥进入控制台线路配置模式
Router(config-line)＃ speed 57600	∥设置控制台速率为 57600
Router(config-line)＃ end	∥回到特权模式
Router＃show line console 0	∥查看控制台配置

16.3.4　基本查询命令

1. 查看用户保存在 NVRAM 中的配置文件

Router＃show startup-config

2. 查看端口信息

Router＃show interface *type number*

3. 查看路由表信息

Router＃show ip route

4. 查看路由器当前生效的配置信息

Router＃show running-config

5. 查看系统信息

系统信息主要包括系统描述，系统上电时间，系统的硬件版本，系统的软件版本，系统的 Ctrl 层软件版本，系统的 Boot 层软件版本。通过这些信息来了解某个路由器系统的概况。

在特权模式下显示"系统信息"的命令如下：

Router＃show version

6. 查看硬件实体信息

硬件信息主要包括物理设备信息及设备上的插槽和模块信息。设备本身信息包括：设备的描述，设备拥有的插槽的数量；插槽信息：插槽在设备上的编号，插槽上的模块的描述

（如果插槽没有插模块，则描述为空），插槽所插模块包括的物理端口数，插槽最多可能包含的端口的最大个数（所插模块包括的端口数）。

在特权模式下显示设备和插槽信息的命令如下：

Router # show version devices　　　　　　! 显示路由器当前的设备信息

Router # show version slots　　　　　　　! 显示路由器当前的插槽和模块信息

16.3.5　命令使用的帮助和 no 选项

在路由器中，帮助信息的使用、命令的简写、历史命令的使用和 no 选项的使用方法与交换机中的使用相同，具体内容可参看实验 10 中的相关内容。

16.4　实验环境与设备

1 台路由器 R1762，1 台 PC 机，1 根 Console 口配置电缆线。

实验拓扑图如图 16-1 所示。

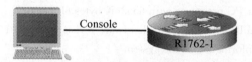

Console

R1762-1

图 16-1　路由器端口配置和查看系统及配置信息

16.5　实验步骤

16.5.1　路由器端口参数的配置

步骤 1：进入全局模式。

R1762-1 # configure terminal

步骤 2：配置路由器设备的名称为 routerA。

R1762-1(config) # hostname routerA

步骤 3：进入端口配置模式，此时配置端口 F1/0。

routerA(config) # interface fastethernet 1/0

步骤 4：给端口分配 IP 地址。

routerA(config-if) # ip address 192.168.1.1 255.255.255.0

步骤 5：开启路由器接口配置。

routerA(config-if) # no shutdown

步骤 6：退回特权模式。

routerA(config-if) # end

16.5.2 查看路由器系统的配置信息

步骤 1：路由器端口 fastethernet 1/0 的配置。

步骤 2：查看路由器各项信息。

（1）查看路由器的版本信息。

routerA♯show version

    Red-Giant Operating System Software

    RGNOS (tm) RELEASE.SOFTWARE, Version 8.32(building 53)　　！操作系统版本号

    Copyright (c) 2004 by Red-Giant Network co.,Ltd

    Compiled Oct 21 2005 14:10:19 by sc

    Red-Giant uptime is 1 days 7 hours 5 minutes

    System returned to ROM power-on

    System image file is "flash:/rgnos.bin"　　！操作系统文件名

    Red-Giant R1700 series R1762

    Motorola Power PC processor with 65536K bytes of memory.

    Processor board ID 00000001,with hardware revision 00000001

        card information in the system

slot	class id	type id	hardware ver	firmware version
slot 0	main board	MB_M8248_1762	1.30	1.00
slot 1	FNM card	FNM_2FE2HS	1.10	1.00

其中，RGNOS (tm) RELEASE SOFTWARE, Version 8.32(building 53)说明了操作系统版本号，System image file is "flash:/rgnos.bin"说明操作系统存储文件名。

（2）查看路由器路由表信息。

routerA♯show ip route

    Codes:C-connected, S-static, R-RIP,O-OSPF, IA-OSPF inter area

    N1-OSPF NSSA external type 1, N2-OSPF NSSA external type 2

    E1-OSPF external type 1, E2-OSPF external type 2

    ＊ -candidate default

    Gateway of last resort is no set

（3）查看路由器当前生效的配置信息。

routerA♯show running-config

    Building configuration...

    Current configuration : 423 bytes

    version 8.32(building 53)

    hostname routerA

```
!
interface serial 1/2
    clock rate 64000
!
interface serial 1/3
    clock rate 64000
!
interface Fastethernet 1/0
    ip address 192.168.1.1 255.255.255.0
    duplex auto
    speed auto
!
interface Fastethernet 1/1
    duplex auto
    speed auto
!
interface Null 0
line con 0
line aux 0
line vty 0 4
    login
end
```

【注意事项】

(1) Show running-config 是查看当前生效的配置信息，Show startup-config 是查看保存在 NVRAM 里的配置文件信息。

(2) 路由器的配置信息全部加载在 RAM 里生效，路由器在启动过程中是将 NVRAM 的配置文件加载到 RAM 里。

16.6　思考题和实训练习

16.6.1　思考题

(1) 路由器配置命令模式主要有哪些？如何相互切换？

(2) 如何查看路由器的版本信息？

(3) 如何设置路由器端口 IP 地址？

16.6.2　实训练习

【实训背景描述】

你是某公司新进网管,公司要求你熟悉现有公司网络环境下设备的基本配置情况,以便于日后管理。

为方便日后操作,你需要知道当前设备的基本型号、版本、设备基本地址分配情况等信息,并做一个日志文档,便于后期设备损坏时查阅。

【实训内容】

(1) 用标准 Console 线缆用于连接计算机的串口和路由器的 Console 上。在计算机上启用超级终端,并配置超级终端的参数,使计算机与路由器通过 Console 口建立连接;

(2) 使用命令进行用户模式、全局模式、特权模式等实现模式间切换;

(3) 显示当前版本号;

(4) 显示当前基本配置信息。

【实训拓扑图】

实训拓扑图同图 16-1。

16.7　实验报告

完成实训练习,并撰写实验报告。实验报告的内容包括:

(1) 实验目的;

(2) 实验要求和任务;

(3) 实验步骤;

(4) 实验源码及注释;

(5) 实验中未解决的问题;

(6) 实验小结。

实验 17　　建立静态路由

17.1　实验目的

(1) 了解路由器的静态路由和默认路由的含义;

(2) 掌握路由器的静态路由和默认路由的配置方法及相关配置命令。

17.2　实验内容

(1) 熟悉路由器的各接口类型及功能;

(2) 按照指定的实验拓扑图,正确连接网络设备;

(3) 配置 PC 机的 IP 地址和子网掩码及网关;

(4) 配置静态路由;

(5) 配置默认路由。

17.3　相关知识点

17.3.1　静态路由

静态路由是手工配置的路由,使得到指定目标网络的数据包的传送,按照预定的路径进行。当 RGNOS 软件不能学到一些目标网络的路由时,配置静态路由就会显得十分重要。给所有没有确切路由的数据包配置一个缺省路由,是一种通常的做法。

静态路由的一般配置步骤:

① 为路由器每个接口配置 IP 地址;

② 确定本路由器有哪些直连网段的路由信息;

③ 确定网络中有哪些属于本路由器的非直连网段;

④ 添加本路由器的非直连网段相关的路由信息。

要配置静态路由,在全局配置模式中执行以下命令:

(1) 配置静态路由

Router(config)＃ip route network mask ｛ip-address ｜ interface-type interface-number｝［distance］［permanent］

(2) 删除静态路由

Router(config)＃no ip route network mask

其中：

◇ network 是目的网络或子网；

◇ mask 是子网掩码；

◇ ip-address 是下一跳路由器的 ip 地址；

◇ interface-type 是用来访问目的网络接口的类型名称；

◇ interface-number 是接口号；

◇ distance 是一个可选参数，用来定义管理距离；

◇ permanent 是一个可选参数，用于确保某个路由不会被删除，即便是它的相关接口已经被关掉。

静态路由的配置例子如图 17-1 所示。

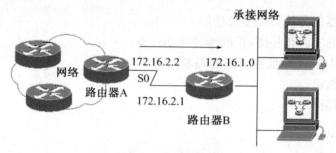

图 17-1　静态路由

由路由器 A 到承接网络的静态路由的配置：

router(config)＃ip route 172.16.1.0 255.255.255.0 172.16.2.1

其中：

◇ ip route 为静态路由命令；

◇ 172.16.1.0 指定了目的网络；

◇ 255.255.255.0 表示子网掩码；

◇ 172.16.2.1 指出了在通往目的网络路径上的下一跳路由器的 IP 地址。

对于路由器 A 来说，分配一个到承接网络的静态路由是合适的。因为，对于路由器 A 而言，如果要访问图中的承接网络，只有一条路径可用。如果要进行双向的信息交流，还必须要在反方向上配置一个路由。

17.3.2　默认路由

默认路由是一类特殊的静态路由。它用于以下情况：

由源到目的地的路由是未知的；或者在路由选择表中存放所有可能路由的足够信息中不可行的。默认路由也被称为"殿后网关"。

在图 17-1 中,将需要配置路由器 B 来转发所有数据帧,因为目的网络并没有明确地列在由路由器 B 到路由器 A 的路由选择表中。此路由允许承接网络访问位于路由器 A 之上的所有已知网络。

要配置默认路由,应输入下面的命令:

RouterB(config)♯ip route 0.0.0.0 0.0.0.0 172.16.2.2

其中:

◇ ip route 标识静态路由命令;

◇ 0.0.0.0 去往一个未知的子网的路由;

◇ 0.0.0.0 指定表示默认路由的特殊掩码;

◇ 172.16.2.2 指定转发数据包下一跳路由器的 IP 地址。

如果没有执行删除动作,RGNOS 软件将永久保留静态路由。但是可以用动态路由协议学到更好路由来替代静态路由,更好的路由是指管理距离更小的距离,包括静态路由在内所有的路由都携带管理距离的参数。表 17-1 为 RGNOS 软件各种来源路由的管理距离值。

表 17-1　各种来源路由的管理距离

路由来源	缺省管理距离值	路由来源	缺省管理距离值
直连网络	0	OSPF 路由	110
静态路由	1	RIP 路由	120
EIGRP 汇总路由	5	外部 EIGRP 路由	170
内部 EIGRP 路由	90	不可达路由	255

默认路由是当数据在查找方向时,没有可以使用的明显的路由选择信息时为数据指定的路由,如果路由器有一个连接到小型网络段的连接和到一个具有多个不同 IP 子网的大型互连网络的连接,那么连接到多个不同子网的接口将是设置为默认路由的最好的接口。这样,路由器收到的任何数据包,如果它们的目的不是紧邻的网络段,则它们将通过默认路由从接口发出。一旦路由器无法确认到所有其他网络的路由,则最好使用默认路由。

17.4　实验环境与设备

两台路由器 R1762,一对 V.35 线缆,两台 PC 机,两条直连线或交叉线。

实验拓扑图如图 17-2 所示。

PC1 的 IP 地址为:172.16.1.254/24;

PC2 的 IP 地址为:172.16.3.254/24。

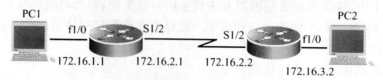

图 17 - 2　静态路由配置实验

17.5　实验步骤

步骤 1：按照图 17 - 2 连接路由器和 PC 机。

按照拓扑图连接路由器和 PC 机，其中 PC1 除了通过网线与路由器 F1/0 口连接外，其串口还使用线缆与 R1762-1 的 Console 口连接，用来配置 R1762-1；PC2 除了通过网线与路由器 F1/0 口连接外，其串口还使用线缆与 R1762-2 的 Console 口连接，用来配置 R1762-2。注意连接时的接口类型、线缆类型，尽量避免带电插拔线缆。

步骤 2：根据要求分别设置两台 PC 机的 IP 地址和子网掩码。

步骤 3：通过 PC1 在路由器 R1762-1 上配置接口的 IP 地址和串口上的时钟频率。

（1）进入全局配置模式

　　R1762-1♯configure terminal

（2）进入端口配置模式

　　R1762-1(config)♯interface fastethernet 1/0

（3）配置 F1/0 口 IP 地址

　　R1762-1(config-if)♯ip address 172.16.1.1 255.255.255.0

（4）开启路由接口配置

　　R1762-1(config-if)♯no shutdown

（5）用上述方法配置 S1/2 口 IP 地址

　　R1762-1(config-if)♯interface serial 1/2

　　R1762-1(config-if)♯ip address 172.16.2.1 255.255.255.0

　　R1762-1(config-if)♯no shutdown

（6）配置 R1762-1 的时钟频率（DCE）

　　R1762-1(config-if)♯clock rate 64000

（7）返回特权模式

　　R1762-1(config-if)♯end

步骤 4：在路由器 R1762-1 上配置静态路由。

（1）进入全局模式

　　R1762-1♯config terminal

（2）配置静态路由

    R1762-1(config)＃ip route 172. 16. 3. 0 255. 255. 255. 0 172. 16. 2. 2

    或

    R1762-1(config)＃ip route 172. 16. 3. 0 255. 255. 255. 0 serial 1/2

（3）回退到特权模式

    R1762-1(config)＃end

步骤 5：验证测试。

（1）验证路由器接口的配置

    R1762-1＃show ip interface brief

Interface	IP-Address(Pri)	OK?	Status
serial 1/2	172. 16. 2. 1/24	YES	UP
serial 1/3	no address	YES	DOWN
Fastethernet 1/0	172. 16. 1. 1/24	YES	UP
Fastethernet 1/1	no address	YES	DOWN
Null 0	no address	YES	UP

（2）查看 S1/2 口端口状态

    R1762-1＃show interface serial 1/2

      serial 1/2 is UP，line protocol is UP   ！查看端口状态

      Hardware is PQ2 SCC HDLC CONTROLLER serial

      Interface address is：172. 16. 2. 1/24   ！端口 IP 地址

        MTU 1500 bytes, BW 2000 Kbit

        Encapsulation protocol is HDLC，loopback not set

        Keepalive interval is 10 sec，set

        Carrier delay is 2 sec

        RXload is 1，Txload is 1

        Queueing strategy：WFQ

        5 minutes input rate 0 bits/sec，0 packets/sec

        5 minutes output rate 0 bits/sec，0 packets/sec

          0 packets input，0 bytes，0 no buffer

          Received 0 broadcasts，0 runts，0 giants

          0 input errors，0 CRC，0 frame，0 overrun，0 abort

          0 packets output，0 bytes，0 underruns

          0 output errors，0 collisions，2 interface resets

          0 carrier transitions

        V35 DCE cable

        DCD＝up DSR＝up DTR＝up RTS＝up CTS＝up

（3）验证 R1762-1 上的静态路由

R1762-1♯show ip route

    Codes： C-connected，S-static，R-RIP，O-OSPF，IA-OSPF inter area

           N1 - OSPF NSSA external type 1，N2 - OSPF NSSA external type 2

           E1 - OSPF external type 1，E2 - OSPF external type 2

           * - candidate default

           Gateway of last resort is no set

C 172. 16. 1. 0/24 is directly connected，Fastethernet 1/0

C 172. 16. 1. 1/32 is local host

C 172. 16. 2. 0/24 is directly connected，Serial 1/2

C 172. 16. 2. 1/32 is local host

S 172. 16. 3. 0/24 【1/0】 via 172. 16. 2. 2

步骤 6：通过 PC2 在路由器 R1762-2 上配置接口的 IP 地址。

R1762-2♯configure terminal

R1762-2(config)♯interface fastethernet 1/0

R1762-2(config-if)♯ip address 172. 16. 3. 2 255. 255. 255. 0

R1762-2(config-if)♯no shutdown

R1762-2(config-if)♯interface serial 1/2

R1762-2(config-if)♯ip address 172. 16. 2. 2 255. 255. 255. 0

R1762-2(config-if)♯no shutdown

R1762-2(config-if)♯end

步骤 7：在路由器 R1762-2 上配置静态路由。

R1762-2♯config terminal

R1762-2(config)♯ip route 172. 16. 1. 0 255. 255. 255. 0 172. 16. 2. 1

或

R1762-2(config)♯ip route 172. 16. 1. 0 255. 255. 255. 0 serial 1/2

R1762-2(config)♯end

步骤 8：验证测试。

（1）验证路由器接口的配置

R1762-2♯show ip interface brief

Interface	IP-Address(Pri)	OK?	Status
serial 1/2	172. 16. 2. 2/24	YES	UP
serial 1/3	no address	YES	DOWN
Fastethernet 1/0	172. 16. 3. 2/24	YES	UP
Fastethernet 1/1	no address	YES	DOWN

Null 0   no address   YES   UP

（2）验证 R1762-2 中 S1/2 口端口状态

R1762-2♯show interface serial 1/2

（3）验证 R1762-2 上的静态路由

R1762-2♯show ip route

> Codes： C - connected，S - static，R - RIP，O - OSPF，IA - OSPF inter area
>
> N1 - OSPF NSSA external type 1，N2 - OSPF NSSA external type 2
>
> E1 - OSPF external type 1，E2 - OSPF external type 2
>
> * - candidate default

Gateway of last resort is no set

S   172. 16. 1. 0/24[1/0] via 172. 16. 2. 1   ！配置的静态路由

C   172. 16. 2. 0/24 is directly connected，Serial 1/2

C   172. 16. 2. 2/32 is local host

C   172. 16. 3. 0/24 is directly connected，Fastethernet 1/0

C   172. 16. 3. 0/32 is local host

步骤 9：测试网络的互连互通性。

在 PC1 中，在命令方式下输入 ping 172. 16. 3. 254。结果表明，在 PC1 的命令方式下能 ping 通 PC2。

在 PC2 中，在命令方式下输入 ping 172. 16. 1. 254。结果表明，在 PC2 的命令方式下能 ping 通 PC1。

【注意事项】

如果两台路由器通过串口直接互连，则必须在其中一端设置时钟频率（DCE）。

【参考配置】

R1762-1♯show running-config   ！显示路由器 R1762-1 的全部配置

> Building configuration. . .
>
> Current configuration：552 bytes
>
> ！
>
> version 8. 32(building 53)
>
> hostname R1762-1
>
> ！
>
> interface serial 1/2
>
>   ip address 172. 16. 2. 1 255. 255. 255. 0
>
>   clock rate 64000
>
> ！
>
> interface serial 1/3
>
>   clock rate 64000

```
!
interface Fastethernet 1/0
    ip address 172. 16. 1. 1 255. 255. 255. 0
    duplex auto
    speed auto
!
interface Fastethernet 1/1
    duplex auto
    speed auto
    shutdown
!
interface Null 0
!
ip route 172. 16. 3. 0 255. 255. 255. 0 172. 16. 2. 2
ip route 172. 16. 3. 0 255. 255. 255. 0 serial 1/2
!
line con 0
line aux 0
line vty 0 4
login
!
End
```

R1762-2♯show running-config　　! 显示路由器 R1762-2 的全部配置

```
Building configuration...
Current configuration : 498 bytes
!
version 8. 32(building 53)
hostname R1762-2
!
interface serial 1/2
    ip address 172. 16. 2. 2 255. 255. 255. 0
    clock rate 64000
!
interface serial 1/3
    clock rate 64000
!
```

```
interface Fastethernet 1/0
    ip address 172. 16. 3. 2 255. 255. 255. 0
    duplex auto
    speed auto
!
interface Fastethernet 1/1
    duplex auto
    speed auto
    shutdown
!
interface Null 0
!
ip route 172. 16. 1. 0 255. 255. 255. 0 172. 16. 2. 1
!
line con 0
line aux 0
line vty 0 4
login
!
end
```

17.6　思考题和实训练习

17.6.1　思考题

(1) 为什么配置默认路由后,两台主机也可以互相 Ping 通?

(2) 如果将路由器的 f1/0 接口和 s1/2 接口的 IP 地址互换,会出现什么情况? 为什么?

(3) 请总结在实验的配置过程中遇到的问题及其解决方法。

17.6.2　实训练习

【实训背景描述】

学校有新旧两个校区,每个校区是一个独立的局域网,为了使新旧校区能够正常相互通讯,共享资源。每个校区出口利用一台路由器进行连接,两台路由器间学校申请了一条 2M 的 DDN 专线进行相连,要求你设置静态路由实现两个校区间的正常相互访问。

【实训内容】

(1) 在路由器 R1、R2 上配置接口的 IP 地址和 R1 串口上的时钟频率;

(2) 查看路由器生成的直连路由;

（3）在路由器 R1、R2 上配置静态路由；

（4）查看 R1、R2 上的静态路由配置；

（5）将 PC1、PC2 主机默认网关分别设置为各路由器接口 f1/0 的 IP 地址。

（6）验证 PC1、PC2 主机之间可以互相通信。

【实训拓扑图】

实训拓扑图与图 17-2 相同。

17.7 实验报告

完成实训练习，并撰写实验报告。实验报告的内容包括：

（1）实验目的；

（2）实验要求和任务；

（3）实验步骤；

（4）实验源码及注释；

（5）实验中未解决的问题；

（6）实验小结。

实验 18 RIP 动态路由协议基本配置

18.1 实验目的

(1) 了解路由器的 RIP 路由的含义;

(2) 掌握路由器的动态 RIP 路由的配置方法及相关配置命令。

18.2 实验内容

(1) 进一步掌握路由器的各接口类型及功能;

(2) 按照指定的实验拓扑图,正确连接网络设备;

(3) 配置 PC 机的 IP 地址和子网掩码及网关;

(4) 配置动态 RIP 路由。

18.3 相关知识点

RIP(Routing Information Protocol)路由协议是应用较早、使用较普遍的内部网关协议 (Interior Gateway Protocol,简称 IGP),适用于小型以及同介质网络,是典型的距离向量 D-V(Distance-Vector)协议。

RIP 使用 UDP 报文交换路由信息,UDP 端口号为 520。通常情况下 RIPv1 报文为广播报文;而 RIPv2 报文为组播报文,组播地址为 224.0.0.9。RIPv2 由 RIP 而来,属于 RIP 协议的补充协议,主要用于扩大 RIPv2 信息装载的有用信息的数量,同时增加其安全性能。RIP 每隔 30 秒向外发送一次更新报文。如果路由器经过 180 秒没有收到来自对端的路由更新报文则将所有来自此路由器的路由信息标志为不可达,若在 240 秒内仍未收到更新报文就将这些路由从路由表中删除。RIP 提供跳跃计数(hop count)作为尺度来衡量路由距离,跳跃计数是一个包到达目标所必须经过的路由器的数目。如果到相同目标有两个不等速或不同带宽的路由器,但跳跃计数相同,则 RIP 认为两个路由是等距离的。RIP 最多支持的跳数为 15,即在源和目的网间所要经过的最多路由器的数目为 15,跳数 16 表示不可达。

1. RIP 的防环机制

(1) 计数无穷大(maximum hop count):定义最大跳数(最大为 15 跳),当跳数为 16 跳时,目标为不可达。

(2) 水平分割(split horizon):从一个接口学习到的路由不会再广播回该接口。可以对每个接口关闭水平分割功能。这个特点在非广播多路访问(NBMA)hub-and-spoke 环境下十分有用。

（3）毒性逆转（poison reverse）：从一个接口学习的路由会发送回该接口，但是已经被毒化，跳数设置为 16 跳，不可达。

（4）触发更新（trigger update）：一旦检测到路由崩溃，立即广播路由刷新报文，而不等到下一刷新周期。

（5）抑制计时器（holddown timer）：防止路由表频繁翻动，增加了网络的稳定性。

以上防环路机制全部默认开启。

RIP（Routing Information Protocol）是基于 D-V 算法的内部动态路由协议。它是第一个为所有主要厂商支持的标准 IP 选路协议，目前已成为路由器、主机路由信息传递的标准之一，适应于大多数的校园网和使用速率变化不大的连续的地区性网络。对于更复杂的环境，一般不应使用 RIP。

RIPv1 作为距离矢量路由协议，具有与 D-V 算法有关的所有限制，如慢收敛和易于产生路由环路和广播更新占用带宽过多等；RIPv1 作为一个有类别路由协议，更新消息中是不携带子网掩码，这意味着它在主网边界上自动聚合，不支持 VLSM 和 CIDR；同样，RIPv1 作为一个古老协议，不提供认证功能，这可能会产生潜在的危险性。总之，简单性是 RIPv1 广泛使用的原因之一，但简单性带来的一些问题，也是 RIP 故障处理中必须关注的。

RIP 在不断地发展完善过程中，又出现了第二个版本：RIPv2。与 RIPv1 最大的不同是 RIPv2 为一个无类别路由协议，其更新消息中携带子网掩码，它支持 VLSM、CIDR、认证和多播。目前这两个版本都在广泛应用，两者之间的差别导致的问题在 RIP 故障处理时需要特别注意。

2. RIP 的不足之处

（1）过于简单，以跳数为依据计算度量值，经常得出非最优路由。例如，2 跳 64K 专线和 3 跳 1000M 光纤比，显然多跳一下的路由是更优的。

（2）度量值以 16 为限，不适合大的网络。解决路由环路问题，16 跳在 RIP 中被认为是无穷大，RIP 是一种域内路由算法，多用于园区网和企业网。

（3）安全性差，接受来自任何设备的路由更新。无密码验证机制，默认接受任何地方任何设备的路由更新。不能防止恶意的 RIP 欺骗。

（4）收敛性差，时间经常大于 5 分钟。

（5）消耗带宽很大。完整的复制路由表，把自己的路由表复制给所有邻居，尤其在低速广域网链路上更以显式的全量更新。

路由器要运行 RIP 路由协议，首先需要创建 RIP 路由进程，并定义与 RIP 路由进程关联的网络。

要创建 RIP 路由进程，在全局配置模式中执行以下命令：

① 创建 RIP 路由进程

Router(config)♯router rip

② 定义关联网络

Router(config-router)♯network network-number

说明:

Network 命令定义的关联网络有两层意思:

◇ RIP 只对外通告关联网络的路由信息;

◇ RIP 只向关联网络所属接口通告路由信息。

③ 定义 RIP 协议版本

Router(config-router)♯version {1|2}

④ 关闭路由信息的自动汇总功能

Router(config-router)♯no auto-summary

说明:

为了将子网路由自动汇总的缺省特性恢复到网络级路由,使用 auto-summary 路由器配置命令。要使这一特性无效并越过分类网络边界发送子前缀路由信息,使用此命令的 no 格式。

路由汇总减少路由表中的路由信息量,RIPv1 总是运用自动汇总。如果使用的是 RIPv2,可通过指定 no auto-summary 关闭自动汇总功能。关闭自动汇总就是 VLSM 可以生效,如果不关闭自动汇总,宣告的网段会自动汇总成 A 类、B 类、C 类的标准地址,例如,路由连接着几个子网 192.168.1.0/26,192.168.1.64/26,192.168.1.128/26,192.168.1.192/26,如果关闭了自动汇总,其他路由的路由表中就会有这四个分别存在的路由条目,如果没有关闭就只会存在 192.168.1.0/24 这一个汇总条目。

关闭自动汇总(即使用手工汇总)就可以想宣告哪个段就宣告哪个段,比如用上面的例子,只想宣告 0 和 128 这两个段,如果不关闭自动汇总,那么除了 0 和 128 外,另外两个网段也会被宣告出去,因为统一汇总成了 192.168.1.0/24 了。

18.4　实验环境与设备

2 台路由器 R1762,1 对 V.35 线缆,2 台 PC 机,2 条直连线或交叉线。

实验拓扑图如图 18-1 所示。

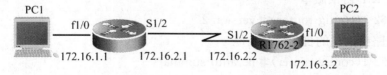

图 18-1　动态 RIP 路由配置实验

PC1 的 IP 地址为:172.16.1.254/24;

PC2 的 IP 地址为:172.16.3.254/24。

18.5　实验步骤

步骤 1:按照拓扑图连接路由器和 PC 机。

按照拓扑图连接路由器和 PC 机,其中 PC1 除了通过网线与路由器 F1/0 口连接外,其串口还使用线缆与 R1762-1 的 Console 口连接,用来配置 R1762-1;PC2 除了通过网线与路由器 F1/0 口连接外,其串口还使用线缆与 R1762-2 的 Console 口连接,用来配置 R1762-2。注意连接时的接口类型、线缆类型,尽量避免带电插拔线缆。

步骤 2:根据要求,分别设置 2 台 PC 机的 IP 地址和子网掩码。

步骤 3:通过 PC1 在路由器 R1762-1 上配置接口的 IP 地址和串口上的时钟频率。

R1762-1♯configure terminal

R1762-1(config)♯interface fastethernet 1/0

R1762-1(config-if)♯ip address 172.16.1.1 255.255.255.0

R1762-1(config-if)♯no shutdown

R1762-1(config-if)♯interface serial 1/2

R1762-1(config-if)♯ip address 172.16.2.1 255.255.255.0

R1762-1(config-if)♯no shutdown

R1762-1(config-if)♯clock rate 64000

R1762-1(config-if)♯end

步骤 4:在路由器 R1762-1 上配置动态 RIP 路由。

(1) 进入全局模式

R1762-1♯config terminal

(2) 开启 RIP 协议进程

R1762-1(config)♯router rip

(3) 申明本设备的直连网段

R1762-1(config-router)♯network 172.16.1.0

R1762-1(config-router)♯network 172.16.2.0

(4) 定义 RIP 协议版本

R1762-1(config-router)♯version 2

(5) 关闭路由信息的自动汇总功能

R1762-1(config-router)♯no auto-summary

(6) 回退到特权模式

R1762-1(config-router)♯end

步骤 5:通过 PC2 在路由器 R1762-2 上配置接口的 IP 地址。

R1762-2♯configure terminal

R1762-2(config)♯interface fastethernet 1/0

R1762-2(config-if)♯ip address 172.16.3.2 255.255.255.0

R1762-2(config-if)♯no shutdown

R1762-2(config-if)♯interface serial 1/2

R1762-2(config-if)♯ip address 172.16.2.2 255.255.255.0

R1762-2(config-if)♯no shutdown

R1762-2(config-if)♯end

步骤 6:在路由器 R1762-2 上配置动态路由。

R1762-2♯config terminal

R1762-2(config)♯router rip

R1762-2(config-router)♯network 172.16.2.0

R1762-2(config-router)♯network 172.16.3.0

R1762-2(config-router)♯version 2

R1762-2(config-router)♯no auto-summary

R1762-1(config-router)♯end

步骤 7:验证测试。

(1) 验证路由器接口的配置和状态

R1762-1♯show ip interface brief

Interface	IP-Address(Pri)	OK?	Status
serial 1/2	172.16.2.1/24	YES	UP
serial 1/3	no address	YES	DOWN
Fastethernet 1/0	172.16.1.1/24	YES	UP
Fastethernet 1/1	no address	YES	DOWN
Null 0	no address	YES	UP

R1762-2♯show ip interface brief

Interface	IP-Address(Pri)	OK?	Status
serial 1/2	172.16.2.2/24	YES	UP
serial 1/3	no address	YES	DOWN
Fastethernet 1/0	172.16.3.2/24	YES	UP
Fastethernet 1/1	no address	YES	DOWN
Null 0	no address	YES	UP

(2) 查看 S1/2 口端口状态

R1762-1♯show interface serial 1/2

serial 1/2 is UP，line protocol is UP　　! 查看端口状态

Hardware is PQ2 SCC HDLC CONTROLLER serial

Interface address is: 172. 16. 2. 1/24 　　 ! 端口 IP 地址

MTU 1500 bytes, BW 2000 Kbit

Encapsulation protocol is HDLC, loopback not set

Keepalive interval is 10 sec , set

Carrier delay is 2 sec

RXload is 1 , Txload is 1

Queueing strategy: WFQ

5 minutes input rate 0 bits/sec, 0 packets/sec

5 minutes output rate 0 bits/sec, 0 packets/sec

0 packets input, 0 bytes, 0 no buffer

Received 0 broadcasts, 0 runts, 0 giants

0 input errors, 0 CRC, 0 frame, 0 overrun, 0 abort

0 packets output, 0 bytes, 0 underruns

0 output errors, 0 collisions, 2 interface resets

0 carrier transitions

V35 DCE cable

DCD=up DSR=up DTR=up RTS=up CTS=up

R1762-2#show interface serial 1/2

serial 1/2 is UP , line protocol is UP 　　 ! 查看端口状态

Hardware is PQ2 SCC HDLC CONTROLLER serial

Interface address is: 172. 16. 2. 2/24 　　 ! 端口 IP 地址

MTU 1500 bytes, BW 2000 Kbit

Encapsulation protocol is HDLC, loopback not set

Keepalive interval is 10 sec , set

Carrier delay is 2 sec

RXload is 1 , Txload is 1

Queueing strategy: WFQ

5 minutes input rate 0 bits/sec, 0 packets/sec

5 minutes output rate 0 bits/sec, 0 packets/sec

0 packets input, 0 bytes, 0 no buffer

Received 0 broadcasts, 0 runts, 0 giants

0 input errors, 0 CRC, 0 frame, 0 overrun, 0 abort

0 packets output, 0 bytes, 0 underruns

0 output errors, 0 collisions, 2 interface resets

0 carrier transitions

V35 DCE cable

DCD＝up DSR＝up DTR＝up RTS＝up CTS＝up

（3）验证 R1762-1 和 R1762-2 上的动态路由

R1762-1＃show ip route

　　Codes：　C - connected，S - static，R - RIP，O - OSPF，IA - OSPF inter area

　　N1 - OSPF NSSA external type 1，N2 - OSPF NSSA external type 2

　　E1 - OSPF external type 1，E2 - OSPF external type 2

　　＊- candidate default

　　Gateway of last resort is no set

　　C　172. 16. 1. 0/24 is directly connected，Fastethernet 1/0

　　C　172. 16. 1. 1/32 is local host

　　C　172. 16. 2. 0/24 is directly connected，Serial 1/2

　　C　172. 16. 2. 1/32 is local host

　　R　172. 16. 3. 0/24 [1/0] via 172. 16. 2. 2,00：00：21，serial 1/2

R1762-2＃show ip route

　　Codes：　C - connected，S - static，R - RIP，O - OSPF，IA - OSPF inter area

　　N1 - OSPF NSSA external type 1，N2 - OSPF NSSA external type 2

　　E1 - OSPF external type 1，E2 - OSPF external type 2

　　＊- candidate default

　　Gateway of last resort is no set

　　C　172. 16. 2. 0/24 is directly connected，Fastethernet 1/0

　　C　172. 16. 2. 2/32 is local host

　　C　172. 16. 3. 0/24 is directly connected，Serial 1/2

　　C　172. 16. 3. 3/32 is local host

　　R　172. 16. 1. 0/24 [1/0] via 172. 16. 2. 1,00：00：21，serial 1/2

步骤 8：测试网络的互连互通性。

　　在 PC1 中执行命令 C：\ping 172. 16. 3. 254　　　！从 PC1 ping 通 PC2

　　在 PC2 中执行命令 C：\ping 172. 16. 1. 254　　　！从 PC2 ping 通 PC1

【注意事项】

（1）在串口上配置时钟频率时，一定要在电缆 DCE 端的路由器上配置，否则链路不通。

（2）no auto-summary 功能只有在 RIPv2 中支持。

【参考配置】

显示路由器 R1762-1 的全部配置。

R1762-1＃show running-config

　　Building configuration...

　　Current configuration：552 bytes

　　！

```
version 8. 32(building 53)
hostname R1762-1
!
interface serial 1/2
   ip address 172. 16. 2. 1 255. 255. 255. 0
   clock rate 64000
!
interface serial 1/3
   clock rate 64000
!
interface Fastethernet 1/0
   ip address 172. 16. 1. 1 255. 255. 255. 0
   duplex auto
   speed auto
!
interface Fastethernet 1/1
   duplex auto
   speed auto
   shutdown
!
interface Null 0
!
router rip
version 2
network 172. 16. 0. 0 mask 255. 255. 0. 0
!
line con 0
line aux 0
line vty 0 4
login
!
End
```

18.6　思考题和实训练习

18.6.1　思考题

（1）RIPv1 版本和 RIPv2 版本有什么区别？

（2）什么是自动汇总？自动汇总和手动汇总之间有什么区别？

（3）比较静态路由和动态路由配置的区别？

18.6.2 实训练习

【实训背景描述】

学校有新旧两个校区，每个校区是一个独立的局域网，为了使新旧校区能够正常相互通讯，共享资源。每个校区出口利用一台路由器进行连接，两台路由器间学校申请了一条 2M 的 DDN 专线进行相连，为了简化网管的管理维护工作，学校决定采用 RIP 协议实现两校区路由互通。

【实训内容】

（1）在路由器 R1、R2 上配置接口的 IP 地址和 R1 串口上的时钟频率；

（2）查看路由器生成的直连路由；

（3）在路由器 R1、R2 上配置 RIP 协议；

（4）验证 R1、R2 是否自动学习了其他网段的路由信息；

（5）将 PC1、PC2 主机默认网关分别设置为各路由器接口 f1/0 的 IP 地址；

（6）验证 PC1、PC2 主机之间可以互相通信。

【实训拓扑图】

实训拓扑图与图 18-1 相同。

18.7 实验报告

完成实训练习，并撰写实验报告。实验报告的内容包括：

（1）实验目的；

（2）实验要求和任务；

（3）实验步骤；

（4）实验源码及注释；

（5）实验中未解决的问题；

（6）实验小结。

实验 19　OSPF 路由协议基本配置

19.1　实验目的

（1）熟悉路由器动态路由的概念、动态路由与静态路由的区别、动态路由的设置方法；

（2）掌握 OSPF 动态路由协议的基本配置命令；

（3）掌握在路由器上配置 OSPF 单区域的方法；

（4）掌握通过动态路由协议学习产生的路由。

19.2　实验内容

（1）配置路由器的 IP 地址；

（2）在路由器上配置 OSPF 动态路由，并测试网络连通性；

（3）广域网线缆的连接方式。

19.3　相关知识点

OSPF 路由协议是因特网上最主要的内部网关路由协议，它是基于链路状态的最短路径优先算法的协议。

1. OSPF 协议概述

20 世纪 80 年代中期，RIP 已不能适应大规模异构网络的互连，OSPF 协议随之产生。它是 IETF 的内部网关协议工作组为 IP 网络而开发的一种路由协议。OSPF 目前有 3 个版本。OSPF 具有下列特性：

（1）OSPF 是基于链路状态的路由协议。它通过传递链路状态来得到网络信息，维护一张网络有向拓扑图，利用最短路径优先算法（SPF 算法）得到路由表。路由表的变化基于网络中路由器物理连接的状态与速度，链路状态一旦变化立即被广播到网络中的每一个路由器。

（2）OSPF 直接运行在 IP 协议上，它的协议号是 89。IP 服务类型为 0，优先级为网络控制，并使用组播地址 224.0.0.5 来表示所有 SPF 路由器。这样，可以使它的链路状态通告在 IP 协议中投递时获得较高的优先级，进而加快算法的收敛速度。

（3）路由器运行 OSPF 时，采用 Dijkstra 的最短路径优先算法计算最佳路由，需要占用较多的 CPU 资源。由于计算 SPF 树所需的时间取决于网络规模的大小，OSPF 将一个自治系统再划分为区域（Area）。每一个区域都有着该区域独立的网络拓扑数据库及网络拓扑图,并且其网络拓扑结构在区域外是不可见的。区域中的路由器也无需了解其域外的其余网络结构。

2. OSPF 协议的优势

(1) OSPF 支持大型异构网络的互连,提供了一个异构网络间通过同一种协议交换网络信息的途径,并且不容易出现错误的路由信息。

(2) OSPF 支持路由验证,只有互相通过路由验证的路由器之间才能交换路由信息,并且可以对不同的区域定义不同的验证方式,从而提高了网络的安全性。

(3) OSPF 支持费用相同的多条链路上的负载均衡。

(4) OSPF 路由信息不受跳数的限制,减少了因分级路由带来的子网分离问题。

(5) OSPF 支持 VLSM 和 CIDR,有利于网络地址的有效管理。

(6) OSPF 使用区域对网络进行分层,减少了协议对 CPU 处理时间和内存的需求。

虽然 OSPF 协议是 RIP 协议强大的替代品,但是它执行时需要更多的路由器资源。如果网络中正在运转的是 RIP 协议,并且没有发生任何问题,仍然可以继续使用。但是如果想在网络中利用基于标准协议的多余链路,OSPF 协议是更好的选择。

3. 链路状态路由算法

链路状态路由(Link-State Routing)算法简称 L-S 算法,也称为最短路径优先(Shortest Path First,SPF)算法。该算法的目的是得到整个网络的拓扑结构,从而计算出最佳路由。

L-S 算法的基本思想是每个路由器中维持着一份最新的关于整个网络的拓扑数据库,即 SPF 树。树的根节点就是该路由器本身。各路由器定期地检查所有直接链路的状态(是否活动和可达),将获得的信息组成链路状态报文(Link-State Packet,LSP)发给网上的所有其他路由器。每个路由器收到链路状态报文 LSP 时,按照其中的信息逐步建立或更新自己的网络拓扑数据库。再根据网络拓扑数据库判断每个目标网络是否可达,并计算最短路径,以更新路由表。

在链路状态路由算法的操作过程中,每个路由器必须:

(1) 发现它的邻居路由器,获得它们的网络地址;

(2) 测量它到各个邻居路由器的传输代价(或延迟);

(3) 组装一个 LSP 报文分组,包含它刚获得的链路状态信息;

(4) 将 LSP 报文发送给网络中的所有其他路由器;

(5) 计算它到每个网络的最短路径。

4. OSPF 的设置方法

(1) 启动 OSPF 协议

Router(config)♯ router ospf *process-id*

注意:*process-id* 为 OSPF 在本路由器内的进程号,可以在 1~65 535 之间设置。

(2) 在与该路由器相连的网络中指定参与 OSPF 的子网,说明该子网属于哪一个 OSPF

路由区域。

Router(config-router)♯network *network wildcard-mask* area *area-id*

其中,*network* 是子网号,*wildcard-mask* 是反掩码,*area-id* 是区域号。

路由器将限制只能在相同区域内交换子网信息,不同区域间不交换路由信息。另外,区域 0 为主干 OSPF 区域。不同区域交换路由信息必须经过区域 0。一般地,某一区域要接入 OSPF 0 路由区域,该区域必须至少有一台路由器为区域边界路由器,即它既参与本区域路由又参与区域 0 路由。

(3) OSPF 区域间的路由信息汇聚

如果区域中的子网是连续的,则区域边界路由器向外传播路由信息时,采用路由汇聚功能后,路由器就会将所有这些连续的子网聚合为一条路由传播给其他区域,则在其他区域内的路由器看到这个区域的路由就只有一条。这样可以节省路由交换时所需的网络带宽。

设置对某一特定范围的子网进行路由汇聚的命令是:

Router(config-router)♯area *area-id* range *range-mask*

其中,range-mask 是子网范围掩码。

(4) 指明网络类型。在需要收发 OSPF 路由信息的接口中,设置:

Router(config-if)♯ip ospf network { broadcast|non-broadcast|point-to -mutlipoint}

通常,DDN、帧中继和 X. 25 属于非广播型的网络,即 non-broadcast。

(5) 对于非广播型的网络连接,需指明相邻路由器的节点地址:

Router(config-router)♯neighbor *ip-address*

通过以上配置的路由器,可以相互交换 OSPF 的路由信息。

19.4 实验环境与设备

1. 实验拓扑和环境

假设校园网通过一台三层交换机连到校园网出口路由器,路由器再和校园外的另一台路由器连接。作适当配置,实现校园网内部主机与校园网外部主机的相互通信。

本实验的网络设备由一台三层交换机和两台路由器相连构成,其连接方式如图 19 - 1 所示。路由器分别命名为 R1 和 R2,路由器之间通过串口采用 V. 35 DCE/DTE 电缆连接,选择 R1 的 S1/2 端口作为 DCE 端口。S3750 上划分有 VLAN10 和 VLAN20,其中 VLAN10 用于连接校园网主机 PC1,VLAN20 用于连接 R1。

PC1 的 IP 地址和缺省网关分别为 10. 1. 1. 2 和 10. 1. 1. 1,PC2 的 IP 地址和缺省网关分别为 10. 4. 1. 2 和 10. 4. 1. 1,网络掩码都是 255. 255. 0. 0。

路由器和主机直连时,需要使用交叉线,但如果路由器的以太网接口支持 MDI/MDIX,使用直连线也可以连通。

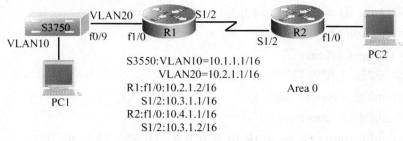

S3550:VLAN10=10.1.1.1/16
　　　 VLAN20=10.2.1.1/16
R1:f1/0:10.2.1.2/16
　　S1/2:10.3.1.1/16
R2:f1/0:10.4.1.1/16
　　S1/2:10.3.1.2/16

图 19-1　OSPF 实验拓扑图

2. 实验设备

S3550 三层交换机 1 台,R1762 或 R2632 路由器 2 台,V.35 线缆 1 对,交叉线或直连线 1 根。

3. PC 机的地址

各 PC 机 2P 地址如表 19-1 所示。

表 19-1　各 PC 机 IP 地址分配

主机	IP 地址	子网掩码	缺省网关
PC1	10.1.1.2	255.255.0.0	10.1.1.1
PC2	10.4.1.2	255.255.0.0	10.4.1.1

19.5　实验步骤

步骤 1:对 S3750 进行配置,在配置好各端口 IP 地址后激活该端口。

各端口 IP 地址如下:

Vlan10:ip 地址 10.1.1.1,子网掩码 255.255.0.0。

Vlan20:ip 地址 10.2.1.1,子网掩码 255.255.0.0。

Router # cont f

Router(config) # hostname S3750

S3750(config) # vlan 10

S3750(config-vlan) # vlan 20

S3750(config-vlan) # exit

S3750(config) # int vlan 10

S3750(config-if) # ip address 10.1.1.1 255.255.0.0

S3750(config-if) # no shutdown

S3750(config-if) # exit

S3750(config) # int vlan 20

S3750(config-if)♯ip address 10.2.1.1 255.255.0.0

S3750(config-if)♯no shutdown

S3750(config-if)♯exit

步骤 2:在 S3750 上配置 OSPF 动态路由。

S3750(config)♯ip routing

S3750(config)♯router ospf 1

S3750(config-router)♯network 10.0.0.0 0.255.255.255 area 0

S3750(config-router)♯exit

步骤 3:对 R1 进行配置,在配置好各端口 IP 地址后激活该端口。

各端口 IP 地址如下:

f1/0:IP 地址 10.1.1.2,子网掩码 255.255.0.0。

s1/2:IP 地址 10.3.1.1,子网掩码 255.255.0.0。

s1/2 端口的时钟频率都设置为 64000。

Router♯cont f

Router(config)♯hostname R1

R1(config)♯int f1/0

R1(config-if)♯ip address 10.2.1.2 255.255.0.0

R1(config-if)♯no shutdown

R1(config-if)♯exit

R1(config)♯int s1/2

R1(config-if)♯ip address 10.3.1.1 255.255.0.0

R1(config-if)♯clockrate 64000

R1(config-if)♯no shutdown

R1(config-router)♯exit

步骤 4:在 R1 上配置 OSPF 动态路由。

R1(config)♯ip routing

R1(config)♯router ospf 1

R1(config-router)♯network 10.0.0.0 0.255.255.255 area 0

R1(config-router)♯exit

步骤 5:对 R2 进行配置,在配置好各端口 IP 地址后激活该端口。

各端口 IP 地址如下:

s1/2:ip 地址 10.3.1.2,子网掩码 255.255.0.0。

f1/0:ip 地址 10.4.1.1,子网掩码 255.255.0.0。

Router♯cont f

Router(config)♯hostname R2

R2(config)♯int f1/0

R2(config-if)♯ip address 10.4.1.1 255.255.0.0

R2(config-if)♯no shutdown

R2(config-if)♯exit

R2(config)♯int s1/2

R2(config-if)♯ip address 10.3.1.2 255.255.0.0

R2(config-if)♯no shutdown

R2(config-if)♯exit

步骤 6：在 R2 上配置 OSPF 动态路由。

R2(config)♯ip routing

R2(config)♯router ospf 1

R2(config-router)♯network 10.0.0.0 0.255.255.255 area 0

R2(config-router)♯exit

步骤 7：查看 S3750 的路由表。

S3750♯show ip route

步骤 8：查看 R1 的路由表。

R1♯show ip route

步骤 9：查看 R2 的路由表。

R2♯show ip route

步骤 10：测试 PC 机之间的连通性。

测试两台 PC 机之间的连通性，结果表明可以 ping 通。

【注意事项】

(1) 在串口上配置时钟频率时，一定要在电缆 DCE 端的路由器上配置，否则链路不通。

(2) 在申明直连网段时，注意要写该网段的反掩码。

(3) 在申明直连网段时，必须指明所属的区域。

19.6　思考题和实训练习

19.6.1　思考题

(1) 子网掩码与通配符掩码有什么区别和联系？

(2) OSPF 路由协议的配置与 RIP 路由协议的配置有何不同？

(3) OSPF 路由协议的配置最主要的部分是什么？

(4) 验证 R1、R2 是否自动学习了其他网段的路由信息；如果学习不到其他网段的路由信息,是什么原因?

（5）如果 2 台路由器 OSPF 设置不在同一个区域,是否能相互学习到对方的路由信息?

19.6.2　实训练习

【实训背景描述】

学校有新旧两个校区,每个校区是一个独立的局域网,为了使新旧校区能够正常相互通讯,共享资源,每个校区出口利用一台路由器进行连接,2 台路由器间学校申请了一条 2M 的 DDN 专线进行相连,为了简化网管的管理维护工作,学校决定采用 OSPF 协议实现两校区路由互通。

【实训内容】

（1）在路由器 R1、R2 上配置接口的 IP 地址和 R1 串口上的时钟频率;

（2）查看路由器生成的直连路由;

（3）在路由器 R1、R2 上配置 OSPF 协议;

（4）验证 R1、R2 是否自动学习了其他网段的路由信息;

（5）将 PC1、PC2 主机默认网关分别设置为与路由器接口 F1/0 IP 地址;

（6）PC1、PC2 主机之间可以互相通信。

【实训拓扑图】

实训拓扑如图 19-2 所示。

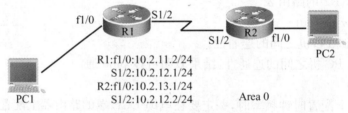

```
                    f1/0        S1/2
                   ┌─────R1─────┐
                              S1/2      R2   f1/0
                                                      PC2
        PC1
              R1:f1/0:10.2.11.2/24
                 S1/2:10.2.12.1/24
              R2:f1/0:10.2.13.1/24
                 S1/2:10.2.12.2/24          Area 0
```

图 19-2　两校区路由互通

19.7　实验报告

完成实训练习,并撰写实验报告。实验报告的内容包括:

（1）实验目的;

（2）实验要求和任务;

（3）实验步骤;

（4）实验源码及注释;

（5）实验中未解决的问题;

（6）实验小结。

第四单元 计算机安全与网络设备的安全配置

实验 20 个人防火墙的配置与使用

20.1 实验目的

（1）理解个人防火墙的工作原理及功能；
（2）掌握瑞星个人防火墙的配置及使用方法。

20.2 实验内容

（1）设置瑞星个人防火墙的 IP 规则；
（2）设置瑞星个人防火墙的端口开关；
（3）设置瑞星个人防火墙的黑白名单；
（4）设置瑞星个人防火墙的应用程序访问规则；
（5）查看及分析瑞星个人防火墙的日志。

20.3 相关知识点

20.3.1 瑞星个人防火墙简介

瑞星个人防火墙能为计算机提供全面的保护，有效地监控任何网络连接。通过过滤不安全的服务，防火墙可以极大地提高网络安全，同时减小主机被攻击的风险。使系统具有抵抗外来非法入侵的能力，防止您的计算机和数据遭到破坏。

瑞星个人防火墙能很好地管理应用程序的网络访问，既防外又防内。无论是从外部接收数据，还是向外部发送数据，瑞星个人防火墙都会首先将其截获并进行分析，然后弹出窗口询问用户是否允许此应用程序访问网络。如果选中"下次允许瑞星个人防火墙管理其网络连接"选项，瑞星个人防火墙将记录下该应用程序，并在主界面中的应用程序选项卡中列出此应用程序，当此应用程序再次访问网络时不再询问用户。

瑞星个人防火墙具有以下性能特点：
（1）支持多种形式的网络接入方式（如 ISDN 接入、普通 MODEM 拨号上网、代理等）。
（2）对网络通讯的速度影响极低，不会干扰其他运行中的程序。

（3）方便灵活的规则设置功能可任意设置可信任的网络连接，同时把不可信任的网络连接拒之门外。

（4）保证计算机和私人资料处于安全的状态。

（5）提供网络实时过滤监控功能。

（6）防御各种木马的恶意攻击。如 BO、冰河。

（7）防御 ICMP、IGMP 洪水攻击、IGMP NUKE 攻击及 IGMP 碎片攻击。

（8）防御诸如 WinNuke、IpHacker 之类的 OOB 攻击。

（9）在受到攻击时，系统会自动切断攻击连接，发出报警声音并且闪烁图标提示。

（10）详细的日志功能实时记录网络恶意攻击行为和一些网络通讯状况；若受到攻击时，可通过查看日志来查找攻击者。

20.3.2　瑞星个人防火墙设置指南

在 Windows 平台运行的个人防火墙种类很多，如在国内的有瑞星、金山等，国外的有诺顿、卡巴斯基等。其中瑞星个人防火墙是用户较多的个人防火墙之一，也是国家权威评测公安部门认定的信息安全一级产品。其常用的设置和使用介绍如下：

1. 主界面

瑞星个人防火墙运行后弹出的是它的主界面，如图 20-1 所示。

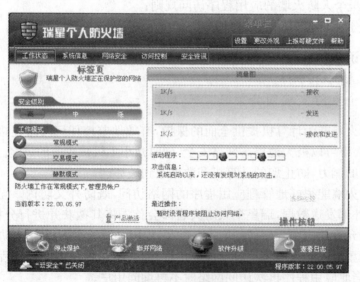

图 20-1　主界面

瑞星个人防火墙的主界面包含了产品名称、菜单栏、操作按钮、标签页以及升级信息等，对防火墙所做的操作与设置都可以通过主界面来实现。

（1）菜单栏

菜单栏用于进行菜单操作的窗口，包括"设置"、"更改外观"、"上报可疑文件"、"帮助"四个菜单。

在"设置"菜单下，可进行网络监控、升级设置、高级设置等三项设置。在"网络监控"选项中，可以对您的计算机的网络安全监控进行设置，包括：IP包过滤、恶意网址拦截、ARP欺骗防御、网络攻击拦截、出站攻击防御。同时，可以选择规则匹配的顺序，指定是以访问规则优先还是以IP规则优先。如图20-2所示。

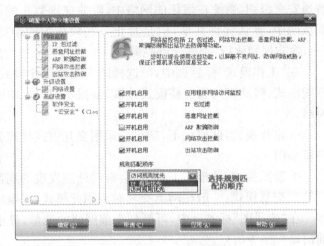

图 20-2　设置界面

在"升级设置"项，可设置升级频率：可以根据需要选择"每天"、"每周"、"每月"、"即时升级"、"手动升级"。

在"高级设置"项，用户可以对瑞星防火墙的日志记录做相应修改。包括日志保留时间、记录规则修改，以及记录系统动作等，还包括"软件安全"、"云安全"等选项，其中"软件安全"用于设置访问防火墙软件的密码。

在"更改外观"项，可以选择多种皮肤，目前支持怀旧情调、海阔天空、香草熏衣等三种皮肤。

（2）操作按钮

操作按钮包括"停止保护"、"断开网络"、"软件升级"、"查看日志"四项功能。

单击"停止保护"按钮，停止防火墙的保护，所配置的安全设置将失效，计算机也将不再受防火墙的保护。

单击"断开网络"按钮，则您的计算机将完全与网络断开，就好像拔掉了网线或是关掉了Modem一样。其他人都不能访问您的计算机，但是您也不能再访问网络。这是在遇到频繁攻击时最为有效的应对方法。

单击"软件升级"按钮，将启动软件升级程序对防火墙软件进行在线升级。

单击"查看日志"按钮，将查看防火墙所保存的日志文件。

（3）标签页

标签页共有"工作状态"、"系统信息"、"网络安全"、"访问控制"、"安全资讯"等六个选项。

①"工作状态"标签页

　　运行防火墙时,默认打开为"工作状态"标签页,它显示目前系统运行的"安全级别"、"工作模式"、"网络实时流量"等信息。

　　在"工作状态"标签页的"安全级别"项中可设置安全级别,它分为三个安全级别,分别为普通安全级别:系统在信任的网络中,除非规则禁止的,否则全部放过;中安全级别:系统在局域网中,默认允许共享,但是禁止一些较危险的端口;高安全级别:系统直接连接 Internet,除非规则放行,否则全部拦截。

　　在"工作模式"标签页中,可选择防火墙的工作模式,瑞星个人防火墙有三种工作模式:常规模式、静默模式和交易模式,可以根据不同的工作模式确定某个应用程序是否允许访问网络。

　　◇ 常规模式:此模式下,瑞星会采用交互方式处理发现的网络可疑行为,一般为专业用户所采用。

　　◇ 静默模式:此模式下,瑞星会自动处理发现的病毒和恶意程序。

　　◇ 交易模式:一般在网上交易时采用此模式,以保护账号安全。

　　在"流量图"标签页中,可看到当前网络的流量,显示是否遭到过对系统的攻击及显示当前活动程序等信息。

　　② "系统信息"标签页

　　在"系统信息"标签页中,点击"网络连接"按钮,显示系统中所有TCP/UDP 连接的信息,包括所有的TCP/UDP 监听。通过网络活动显示,可以清楚地知道哪个程序建立的监听服务并在发送数据,网络活动按照应用程序名称排列,下面分成 TCP 和 UDP,分别列出了 TCP和 UDP 监听的端口和建立的连接。如图 20－3 所示。

图 20－3　网络连接信息

　　点击"进程信息"按钮,以树形显示当前系统运行的进程信息,包括显示进程的 ID 号、是否安全等信息。

　　③ "网络安全"标签页

　　在"网络安全"标签页中,可进行应用程序网络访问监控、IP 包过滤、恶意网址拦截、ARP 欺骗防御、网络攻击拦截、出站攻击防御等设置,其中应用程序网络访问监控与"访问控制"功能是一样的。

　　选择"网络安全"→"应用程序网络访问监控"→"设置"→"程序规则"进入"访问控制"界

面,如图20-4所示。程序规则即程
序访问网络时所遵循的规则,可以
通过右键菜单中的"编辑"功能设置
相应程序的规则,使程序能或不能
访问网络,通过勾选的方式确定,该
规则是否生效。也可在访问控制列
表中增加或删除应用程序,通过单
击"导入"与"导出"按钮来为本功能
添加或从本功能导出另存为指定的
规则。

图20-4　应用程序访问控制

在图20-4的左侧分别有"程序
规则"、"模块规则"、"选项"三个按
钮,其中模块(一些DLL文件)规则
即模块访问网络时所遵循的规则,您可以通过该功能设置特定模块访问网络动作的规则,其设置方式与"程序规则"一样。

"选项"中包含了对程序或模块的功能设置,以及对访问网络默认动作的设置。其中设置了不在访问规则中程序访问网络的五大模式:

◇ 屏保模式:在屏保模式下对于应用程序网络访问请求的策略,默认是自动拒绝。

◇ 锁定模式:在屏幕锁定状态
下对于应用程序网络访问请求的策
略,默认是自动拒绝。

◇ 交易模式:在交易模式下对
于应用程序网络访问请求的策略,
默认是自动拒绝。

◇ 未登录模式:在未登录模式
下对于应用程序网络访问请求的策
略,默认是自动放行。

◇ 静默模式:不与用户交互的
模式。在静默模式下对于应用程序
网络访问请求的策略,默认是自动
拒绝。如图20-5所示。

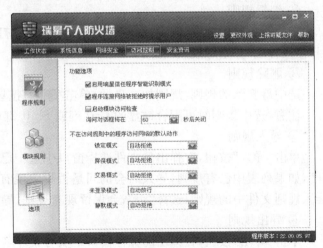

图20-5　"选项"设置

(4) IP包过滤

选择"网络安全"→"IP包过滤"→"设置"可对IP包过滤规则进行设置与管理,如图
20-6所示。注意:规则设置越多性能越低;不需要增加与应用相关的规则,系统在应用需

要时打开端口；也不需要增加防范
性规则，系统已经内置并且自动升
级。列表中显示当前使用的 IP 包
过滤规则，具体列项目为规则名称、
状态、范围、协议、远程端口、本地端
口、报警方式。

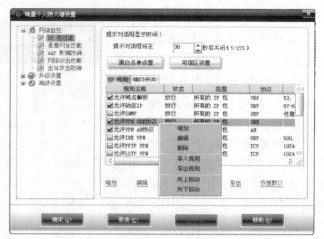

① 增加规则

单击"增加"按钮或在右键菜单
中选择"增加"，打开"IP 规则设置"
窗口，输入规则名称，规则应用类型
和如何处理触发本规则的 IP 包。
单击"下一步"，输入通信的本地计
算机地址和远程计算机地址。单击

图 20－6　IP 包过滤设置

"下一步"继续，选择协议和端口号，并指定内容特征或 TCP 标志，设置是否指定内容特征
等。单击"下一步"继续，选择规则匹配成功后的报警方式，并单击"完成"。

注意：指定协议号范围是 0 到 255。

最后选择匹配成功后的报警方式，分别为：托盘动画、气泡通知、弹出窗口、声音报警和
记录日志。

② 编辑规则

选中待修改的规则，规则加亮显示，单击"编辑"，打开"IP 规则设置"窗口，修改对应项
目，修改方法与"增加规则"相同。

③ 删除规则

选中待删除的规则，规则加亮显示，单击"删除"按钮，确认删除后即可删除选中的规则。

注意：选中规则时可配合键盘的 Ctrl 键或 Shift 键进行多选。

④ 导入规则

单击"导入"按钮，在弹出的文件选择窗口中选中已有的规则文件（＊.fwr），再单击"打
开"，如果列表中已有规则，导入时会询问是否删除现有规则。选择"是"会删除现有规则后
导入规则文件中的规则；选择"否"，会保留现有规则，导入规则文件中的规则。

⑤ 导出规则

单击"导出"按钮，在弹出的保存窗口中填写文件名，再单击"保存"。

⑥ 黑白名单设置

打开"黑白名单设置"后，单击"增加"，在此用户可以为新规则命名，并指定 IP 地址或
IP 范围。同样，用户可以单击"导入"，导入已保存过的黑白名单规则文件。

⑦ 可信区设置

　　打开"可信区设置"后,单击"增加",在此用户可以为新规则命名,并指定本地,以及远程的 IP 地址或 IP 范围。单击"删除",以删除不需要的规则。

　　(5) 恶意网址拦截

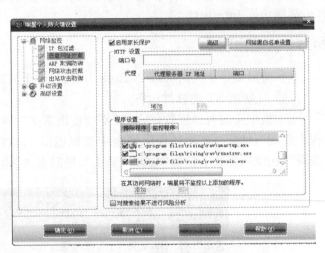

　　瑞星依托"云安全"计划,能随时更新恶意网址库,从而阻断网页木马、钓鱼网站等对计算机的侵害,可以根据要求添加网址到网站黑白名单当中。

　　启用恶意网址拦截后,可以点击"增加"、"删除"按钮,选择增加或删除代理服务器 IP 地址与端口号。

　　另外,还可以对程序进行设置,防止程序访问网络时受到恶意网站的攻击。选择"排除程序"或"监控程序"标签页,前者用于用户添加不进行监控的程序,后者用于用户添加需要监控的程序。如图 20-7 所示。

图 20-7　恶意网址拦截设置

　　选择"网络安全"→"恶意网址拦截"→"设置"→"启用家长保护"→"网站黑白名单设置"进入网站黑白名单设置界面,如图 20-8 所示。

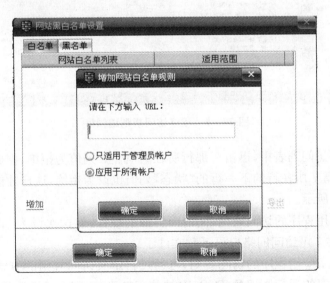

图 20-8　网站黑白名单设置

20.4　实验环境

在局域网中分成几组，每组中有一台主机安装有瑞星个人防火墙，在局域网中的所有计算机都能访问 Internet。

20.5　实验步骤

本实验以瑞星个人防火墙 2010 版为例，介绍个人防火墙的设置及使用。

步骤 1：禁止 BT 类软件运行。

在主机中安装有迅雷软件，如果要禁止迅雷访问网络，可作如下配置，选择"访问控制"/"程序规则"，然后在右边的程序列表中选择迅雷 7，鼠标右键点击它，在弹出的菜单中选择"编辑"，在常规模式下拉框中选择"禁止"，最后点击"确定"按钮即可，如图 20-9 所示。

图 20-9　程序访问规则编辑框

此时应用程序访问列表中，迅雷 7 那行所在的"状态"列值为拒绝，但此时迅雷 7 仍可下载文件，还应把迅雷 7 所在行的下一行的"状态"列值也设为拒绝，这样才能拒绝迅雷 7 下载文件，如图 20-10 所示。

修改迅雷 7 应用程序的访问规则，同前面类似的设置，但这次设为"放行"，然后再次运行迅雷 7，这时迅雷 7 可访问网络也可下载文件了。

还可修改迅雷 7 应用程序的访问规则，可通过自定义访问规则的方式来实现。但此时要求用户对应用程序的运行原理及 TCP/IP 协议很熟悉，否则盲目设置就会达不到目的。

步骤 2：IP 过滤规则设置。

图 20-10　迅雷 7 应用程序访问规则

设置 IP 过滤规则,禁止 IE 浏览器访问 IP 地址为 58.213.127.180:80 的 Web 站点。选择"网络安全"/"IP 包过滤"/"设置"/"增加"就可进入添加 IP 规则设置界面,如图 20-11 所示。

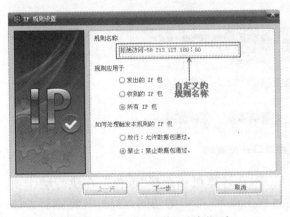
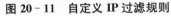

图 20-11　自定义 IP 过滤规则

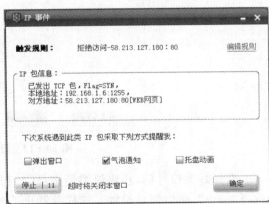

图 20-12　触发规则

指定自定义的规则名称后,下一步可将本地地址项设为任意地址,远程计算机地址设为 58.213.127.180,协议设为 TCP,对方端口设为 80,本地端口设为"任意端口",最后点击"完成"将自定义的规则添加到 IP 包过滤规则列表的最后一行。

注意,IP 包过滤规则的适配是有先后次序的,在列表的第一行先用来匹配,如不匹配再用第二行来匹配,通过"增加"按钮增加的过滤规则默认情况下是放在过滤列表的最后一行的。此外,默认情况下,规则匹配次序是程序访问规则优先,而在程序访问规则中 IE 程序是允许访问网络的,因此要禁止 IE 浏览器访问网络,应把规则匹配次序设为"IP 规则优先"。

用 IE 浏览器访问 IP 地址为 58.213.127.180:80 的 Web 站点,结果是无法访问,如图 20-12 所示。

作为验证,可将规则匹配次序改成"程序访问规则优先",然后会发现这时 IE 浏览器又能访问 IP 地址为 58.213.127.180:80 的 Web 站点了,尽管在 IP 包过滤规则中 IE 浏览器是不能访问 IP 地址为 58.213.127.180:80 的 Web 站点的。

步骤 3:配置端口开关规则。

通过设置端口开关规则,可限制本机对远程主机的 Web、Ftp、E-mail、Telnet 的访问,同样也可反过来设置。

选择"网络安全"→"IP 包过滤"→"设置"→"端口开关"进入端口开关设置界面,如图 20-13 所示。

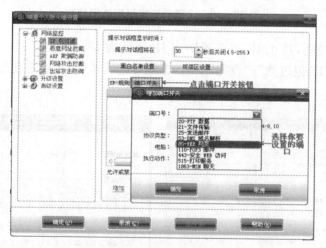

图 20-13　设置端口开关规则

选择好端口号后,在协议类型选 TCP 和 UDP,在计算机项选择"远程",在执行动作项选择"禁止",然后保存设置。这样就禁止了对远程主机 80 端口的访问,启动 IE 浏览器去访问一些 Web 站点,会发现无法访问。

注意,在设置端口开关规则时,要理清与 IP 过滤规则的关系,如在端口开关规则里禁用了一些端口(如 80),而又在 IP 过滤规则里允许某个 IP 的主机对网络的访问,这样就会产生冲突。

步骤 4:启用家长保护功能。

可在家长保护项设置一些规则,如设置限定上网时间,在上网时间能用的程序类型等等,选择"网络安全"→"恶意网址拦截"→"设置"→"启用家长保护"→"高级"进入如图20-14 所示的设置界面。

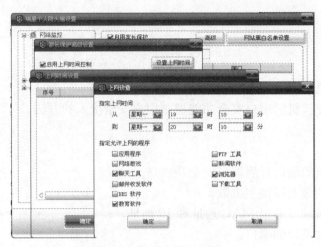

图 20-14　启用家长保护

同样在设置家长保护功能时要注意与"程序访问规则"、"IP 过滤规则"间的关系。

20.6　思考题

(1) 理解防火墙与杀毒软件的区别?

(2) 如何知道本机在运行时开启了哪些端口?

(3) 能用瑞星个人防火墙阻挡新型木马(此时还没有相应的特征码)的攻击吗?

实验 21　交换机端口安全

21.1　实验目的

(1) 熟悉交换机的端口安全功能特性；

(2) 掌握使用交换机的端口安全功能控制用户安全接入的方法。

21.2　实验内容

(1) 配置交换机的端口开启端口安全功能；

(2) 设置端口的最大连接主机数；

(3) 配置交换机端口绑定 MAC 地址和 IP 地址；

(4) 重新打开被关闭的端口。

21.3　相关知识点

如果用户使用的网络交换机具有端口安全功能，则可以利用端口安全这个特性，实现网络接入安全。

1. MAC 地址和 IP 地址绑定

可以通过限制允许访问交换机上某个端口的 MAC 地址以及 IP 地址来实现严格控制对该端口的输入。当给安全端口打开了端口安全功能并配置了一些安全地址后，除了源地址为这些安全地址的包外，这个端口将不转发其他任何包。可以将同 MAC 地址和 IP 地址绑定起来作为安全地址，当然也可以只绑定 MAC 地址而不绑定 IP 地址。

2. 限制端口上能包含的安全地址最大个数

可以限制一个端口上能包含的安全地址最大个数，如果将最大个数设置为 1，并且为该端口配置一个安全地址，则连接到这个端口的工作站（其地址为配置的安全地址）将独享该端口的全部带宽。

如果一个端口被配置了一个安全端口，当其安全地址的数目已经达到了允许的最大个数时，如果该端口收到一个源地址不属于端口上的安全地址的包时，那么将产生一个安全违例。当安全违例产生时，可以选择多种方式来处理违例，例如丢弃收到的报文，发送违例通报或关闭相应端口等。违例产生时可以设置的处理模式有：

(1) Protect　安全端口将丢弃未知名地址的包。

(2) Restrict Trap　发送一个违例通知。

（3）Shutdown 关闭端口并发送一个违例通知。

如果端口被关闭，则需要网络管理员来开通。

当设置了安全端口上安全地址的最大个数后，可以使用下面几种方式加满端口上的安全地址：

（1）可以使用接口配置模式下的命令 switch port-security mac-address *mac-address* 来手工配置端口的所有安全地址。

（2）可以让该端口自动学习地址，这些自动学习到的地址将变成该端口上的安全地址，直到达到 IP 最大个数。需要注意的是，自动学习的安全地址均不会绑定地址，如果在一个端口上，已经配置了绑定 IP 地址的安全地址，则将不能通过自动学习来增加安全地址。

（3）可以手工配置一部分安全地址，剩下的部分让交换机自己学习。

21.4   实验环境与设备

1. 拓扑图和背景介绍

某公司要求对网络进行严格控制。为了防止公司内部用户的 IP 地址冲突，防止公司内部的网络攻击和破坏行为，公司为每一位员工分配了固定的 IP 地址，并且限制只允许公司员工的主机可以使用网络，不得随意连接其他主机。其连接方法如图 21－1 所示。

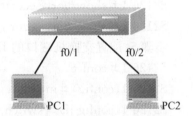

图 21－1   交换机端口安全设置

2. IP 地址和 MAC 地址分配

PC1 的 IP 地址：192.168.1.1/24 ，PC2 的 IP 地址：192.168.1.2/24。

假设 PC1 的 MAC 地址为 0001.1bde.123b。

注：实际操作时，在主机的行命令提示符下，执行 ipconfig/all 可以查到主机的 IP 地址和 MAC 地址。

3. 实验设备

二层交换机 2 台，PC 机 3 台，网线 4 根。

21.5   实验步骤

步骤 1：配置交换机端口的最大连接数。

S2126-1#conf t

S2126-1(config)#interface range fastethernet 0/1-5

S2126-1(config-if-range)#switchport port-security

S2126-1(config-if-range)#switchport port-security maximum 1

S2126-1(config-if-range)#switchport port-security violation protect

S2126-1(config-if-range)♯end

S2126-1♯

步骤2：验证交换机端口最大连接数限制。

S2126-1♯show port-security

S2126-1♯show port-security interface fastethernet 0/1

步骤3：配置交换机端口的MAC与IP地址绑定。

S2126-1♯conf t

S2126-1(config)♯interface fastethernet 0/1

S2126-1(config-if)♯switchport port-security

S2126-1(config-if)♯switchport port-security mac-address 0001.1bde.123b ip-address 192.168.1.1

S2126-1(config-if)♯switchport port-security violation shutdown

步骤4：查看地址安全绑定配置。

S2126-1♯show port-security address all

S2126-1♯show port-security address interface fastethernet 0/1

步骤5：配置交换机端口的IP地址绑定。

S2126-1♯conf t

S2126-1(config)♯interface fastethernet 0/2

S2126-1(config-if)♯switchport port-security ip-address 192.168.1.2

S2126-1(config-if)♯switchport port-security violation shutdown

步骤6：验证与测试。

在特权模式开始，可以通过下面的命令，查看端口安全的信息，测试刚才为交换机配置的安全项目内容：

(1) 查看接口的端口安全配置信息：show port-security interface f0/1

(2) 查看安全地址信息：show port-security address

(3) 显示某个接口上的安全地址信息：Show port-security interface f0/1 address

(4) 显示所有安全端口的统计信息，包括最大安全地址数，当前安全地址数以及违例处理方式等：Show port-security

(5) 现在PC2的IP地址为192.168.1.2/24，PC1可以正常ping通PC2；如果现在换成另外一台PC3接入交换机的f0/1端口，不仅ping不通PC2，还会发现f0/1因为违例被Shutdown了。想再次开启f0/1端口，no shutdown是不管用的，需要使用errdisable recovery命令来恢复。

21.6　思考题和实训练习

21.6.1　思考题

（1）交换机的端口安全功能有哪些？

（2）交换机最大连接数限制取值范围是多少？默认值是多少？

（3）交换机最大连接限制默认的处理方式是什么？

（4）交换机端口安全功能只能在哪种类型的接口下配置？

21.6.2　实训练习

【实训背景描述】

你是一个公司的网络管理员，公司要求对网络进行严格控制。为了防止公司内部用户的 IP 地址冲突，防止公司内部的网络攻击和破坏行为。为每一位员工分配了固定的 IP 地址，并且限制只允许公司员工主机可以使用网络，不得随意连接其他主机。例如：某员工分配的 PC1 的 IP 地址是 172.16.1.23/24，该主机连接在交换机的 f0/5 上。

【实训内容】

（1）按照拓扑进行网络连接。

（2）配置交换机 S2126 端口 f0/1 的最大连接数为 1，最大连接限制的处理方式为 shutdown。

（3）配置 PC1 的 IP 地址。

（4）增加一台主机 PC2（IP 地址为 172.16.1.20/24）加入网络，观察 S2126 交换机 f0/1 的状态。

【实训拓扑图】

实训拓扑如图 21-2 所示。

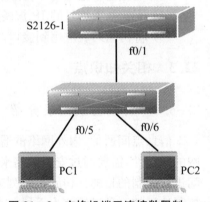

图 21-2　交换机端口连接数限制

21.7　实验报告

完成实训练习，并撰写实验报告。实验报告的内容包括：

（1）实验目的；

（2）实验要求和任务；

（3）实验步骤；

（4）实验源码及注释；

（5）实验中未解决的问题；

（6）实验小结。

实验 22 使用访问列表控制 IP 通信

22.1 实验目的

（1）理解 IP 访问控制列表的原理及功能；

（2）掌握路由器基于编号的标准 IP 访问列表规则及配置；

（3）实现网段间互相访问的安全控制。

22.2 实验内容

（1）按照拓扑图进行网络连接；

（2）配置路由器接口 IP 地址；

（3）配置路由器静态路由；

（4）配置基于编号的 IP 标准访问控制列表；

（5）配置基于编号的 IP 扩展访问控制列表；

（6）将访问列表应用到接口。

22.3 相关知识点

22.3.1 访问控制列表介绍

信息点间通信，内外网络的通信都是企业网络中必不可少的业务需求，但是为了保证内网的安全性，需要通过安全策略来保障非授权用户只能访问特定的网络资源，从而达到对访问进行控制的目的。访问控制列表（Access Control List，ACL）是可以过滤网络中的流量，控制访问的一种网络技术手段。ACL 是路由器和交换机接口的指令列表，用来控制端口进出的数据包，适用于所有的被路由协议，如 IP、IPX、AppleTalk 等。这张表中包含了匹配关系、条件和查询语句，表只是一个框架结构，其目的是为了对某种访问进行控制。

22.3.2 ACL 的作用

（1）ACL 可以限制网络流量、提高网络性能。例如，ACL 可以根据数据包的协议，指定数据包的优先级。

（2）ACL 提供对通信流量的控制手段。例如，ACL 可以限定或简化路由更新信息的长度，从而限制通过路由器某一网段的通信流量。

（3）ACL 是提供网络安全访问的基本手段。ACL 允许主机 A 访问人力资源网络,而拒绝主机 B 访问。

（4）ACL 可以在路由器端口处决定哪种类型的通信流量被转发或被阻塞。例如,用户可以允许 E-mail 通信流量被路由,拒绝所有的 Telnet 通信流量。

例如,某部门要求只能使用 WWW 这个功能,就可以通过 ACL 实现;又例如,为了某部门的保密性,不允许其访问外网,也不允许外网访问它,就可以通过 ACL 实现。

22.3.3　正确放置 ACL

ACL 通过过滤数据包并且丢弃不希望抵达目的地的数据包来控制通信流量。然而,网络能否有效地减少不必要的通信流量,这还要取决于网络管理员把 ACL 放置在哪个地方。

假设在的一个运行 TCP/IP 协议的网络环境中,网络只想拒绝从 RouterA 的 T0 接口连接的网络到 RouterD 的 E1 接口连接的网络的访问,即禁止从网络 1 到网络 2 的访问。

根据减少不必要通信流量的通行准则,网管员应该尽可能地把 ACL 放置在靠近被拒绝的通信流量的来源处,即 RouterA 上。如果网管员使用标准 ACL 来进行网络流量限制,因为标准 ACL 只能检查源 IP 地址,所以实际执行情况为:凡是检查到源 IP 地址和网络 1 匹配的数据包将会被丢掉,即网络 1 到网络 2、网络 3 和网络 4 的访问都将被禁止。由此可见,这个 ACL 控制方法不能达到网管员的目的。同理,将 ACL 放在 RouterB 和 RouterC 上也存在同样的问题。只有将 ACL 放在连接目标网络的 RouterD 上(E0 接口),网络才能准确实现网管员的目标。由此可以得出一个结论:标准 ACL 要尽量靠近目的端。

网管员如果使用扩展 ACL 来进行上述控制,则完全可以把 ACL 放在 RouterA 上,因为扩展 ACL 能控制源地址(网络 1),也能控制目的地址(网络 2),这样从网络 1 到网络 2 访问的数据包在 RouterA 上就被丢弃,不会传到 RouterB、RouterC 和 RouterD 上,从而减少不必要的网络流量。因此,可以得出另一个结论:扩展 ACL 要尽量靠近源端。

22.3.4　定义 ACL 时所应遵循的规范

（1）ACL 的列表号指出了是哪种协议的 ACL。各种协议有自己的 ACL,而每个协议的 ACL 又分为标准 ACL 和扩展 ACL。这些 ACL 是通过 ACL 列表号区别的。如果在使用一种访问 ACL 时用错了列表号,那么就会出错误。

（2）一个 ACL 的配置是每协议、每接口、每方向的。路由器的一个接口上每一种协议可以配置进方向和出方向两个 ACL。也就是说,如果路由器上启用了 IP 和 IPX 两种协议栈,那么路由器的一个接口上可以配置 IP、IPX 两种协议,每种协议进出两个方向,共四个 ACL。

（3）ACL 的语句顺序决定了对数据包的控制顺序。在 ACL 中各描述语句的放置顺序是很重要的。当路由器决定某一数据包是被转发还是被阻塞时,会按照各项描述语句在

ACL 中的顺序,根据各描述语句的判断条件,对数据包进行检查,一旦找到了某一匹配条件就结束比较过程,不再检查以后的其他条件判断语句。

(4) 最有限制性的语句应该放在 ACL 语句的首行。把最有限制性的语句放在 ACL 语句的首行或者语句中靠近前面的位置上,把"全部允许"或者"全部拒绝"这样的语句放在末行或接近末行,可以防止出现诸如本该拒绝(放过)的数据包被放过(拒绝)的情况。

(5) 新的表项只能被添加到 ACL 的末尾,这意味着不可能改变已有访问控制列表的功能。如果必须改变,只有先删除已存在的 ACL,然后创建一个新 ACL,将新 ACL 应用到相应的接口上。

(6) 在将 ACL 应用到接口之前,一定要先建立 ACL。首先在全局模式下建立 ACL,然后把它应用在接口的出方向或进方向上。在接口上应用一个不存在的 ACL 是不可能的。

(7) ACL 语句不能被逐条地删除,只能一次性删除整个 ACL。

(8) 在 ACL 的最后,有一条隐含的"全部拒绝"的命令,所以在 ACL 里一定至少有一条"允许"的语句。

(9) ACL 只能过滤穿过路由器的数据流量,不能过滤由本路由器上发出的数据包。

(10) 在路由器选择进行以前,应用在接口进入方向的 ACL 起作用。

(11) 在路由器选择决定以后,应用在接口离开方向的 ACL 起作用。

22.4　实验环境与设备

1. 实验背景

ACL 是实现对流经路由器或交换机的数据包根据一定的规则进行过滤,从而提高网络可管理性和安全性。

本实验使用 2 台路由器来实现 ACL 的功能。

2. 实验拓扑图

实验拓扑如图 22-1 所示。

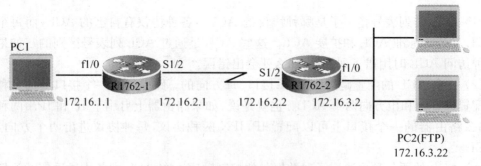

图 22-1　使用 ACL 过滤数据包

3. 实验设备

R1762 路由器 2 台，V. 35 线缆 1 对，直连线或交叉线 3 根。

22.5　实验步骤

22.5.1　标准访问控制列表的配置

步骤 1：配置 R1762-1 和 R1762-2 的 IP 地址。

步骤 2：配置 R1762-1 和 R1762-2 的静态路由。

R1762-1(config)♯ip route 172. 16. 3. 0 255. 255. 255. 0 172. 16. 2. 2

R1762-2(config)♯ip route 172. 16. 1. 0 255. 255. 255. 0 172. 16. 2. 1

用 show ip route 查看路由表。

R1762-1♯ show ip route

```
Codes：  C - connected，S - static，I - IGRP，R - RIP，M - mobile，B - BGP
        D - EIGRP，EX - EIGRP external，O - OSPF，IA - OSPF inter area
        E1 - OSPF external type 1，E2 - OSPF external type 2，E - EGP
        i - IS-IS，L1 - IS-IS level-1，L2 - IS-IS level-2，* - candidate default
        U - per-user static route
        Gateway of last resort is not set
        172. 16. 0. 0/24 is subnetted，1 subnets
C       172. 16. 1. 0 is directly connected，FastEthernet1/0
        172. 16. 0. 0/24 is subnetted，1 subnets
C       172. 16. 2. 0 is directly connected，serial1/2
S       172. 16. 3. 0 [1/0] via 172. 16. 2. 2
```

步骤 3：配置标准 IP 访问控制列表。

R1762-2(config)♯ access-list 2 deny 172. 16. 2. 0 0. 0. 0. 255

　　　　　　　　　　　　　　！拒绝来自 172. 16. 2. 0 网段的流量通过

R1762-2(config)♯ access-list 2 permit 172. 16. 1. 0 0. 0. 0. 255

　　　　　　　　　　　　　　！允许来自 172. 16. 1. 0 网段的流量通过

步骤 4：把访问控制列表在接口上应用。

R1762-2(config)♯ int f1/0

R1762-2(config-if)♯ ip access-group 2 out

　　　　　　　　　　　　！在接口下访问控制列表出栈流量调用

步骤 5：验证测试。

172. 16. 2. 0 网段的主机不能 ping 通 172. 16. 3. 0 网段的主机；

172. 16. 1. 0 网段的主机能 ping 通 172. 16. 3. 0 网段主机。

注意事项：

（1）在访问控制列表的网络掩码是反掩码；

（2）标准控制列表要应用在尽量靠近目的地址的接口。

22.5.2 扩展访问控制列表的配置

步骤 1：配置 R1762-1 和 R1762-2 的 IP 地址。

步骤 2：配置 R1762-1 和 R1762-2 的静态路由。

步骤 3：在路由器 R1762-2 上配置扩展 IP 访问控制列表。

R1762-2(config)♯access-list 101 deny tcp 172.16.2.0 0.0.0.255 host 172.16.3.22 eq FTP

　　　　　　　　! 拒绝来自 172.16.2.0 网段访问主机 172.16.3.22 的 FTP 服务

R1762-2(config)♯access-list 101 permit tcp 172.16.1.0 0.0.0.255 host 172.16.3.22 eq FTP

　　　　　　　　! 允许来自 172.16.1.0 网段访问主机 172.16.3.22 的 FTP 服务

R1762-2(config)♯access-list 101 permit ip any any

　　　　　　　　! 允许其他一切服务

步骤 4：把访问控制列表在接口上应用。

R1762-1(config)♯ int f1/0

R1762-1(config-if)♯ ip access-group 101 out

　　　　　　　　　　　　　　! 在接口下访问控制列表出栈流量调用

步骤 5：根据实验 6 中的步骤，在主机 172.16.3.22 上配置 FTP 服务，FTP 服务器的 IP 地址为 172.16.3.22。

步骤 6：验证测试。

（1）设置 PC1 的 IP 地址；

（2）在 PC1 中打开 IE；

（3）在打开的 IE 地址栏中输入 ftp://172.16.3.22，以此测试 172.16.1.0 网段的主机是否能访问主机 172.16.3.22 中的 FTP 服务。观察结果并作记录。

（4）修改步骤 3 的内容

R1762-2(config)♯no access-list 101

R1762-2(config)♯access-list 101 deny tcp 172.16.1.0 0.0.0.255 host 172.16.3.22 eq FTP

　　　　　　　　　　　! 拒绝来自 172.16.1.0 网段访问主机 172.16.3.22 的 FTP 服务

R1762-2(config)♯access-list 101 permit tcp 172.16.2.0 0.0.0.255 host 172.16.3.22 eq FTP

　　　　　　　　! 允许来自 172.16.2.0 网段访问主机 172.16.3.22 的 FTP 服务
R1762-2(config)♯access-list 101 permit ip any any

　　　　　　　　　　　　　　　　　　　　　　! 允许其他一切服务

　　(5) 在打开的 IE 地址栏中输入 ftp：//172.16.3.22，以此测试 172.16.1.0 网段的主机是否能访问主机 172.16.3.22 中的 FTP 服务。将观察到的结果与测试 3)中得到的结果进行比较，以此验证 ACL 列表所起的作用。

22.6　思考题和实训练习

22.6.1　思考题

　　(1) 访问控制列表能否应用到其他接口，结果会怎样？
　　(2) 为什么标准访问控制列表要尽量靠近目的地址的接口？
　　(3) 访问控制列表应用到接口时，IN 和 OUT 方向有什么不同？

22.6.2　实训练习

【实训背景描述】

　　你是公司的网络管理员，公司的经理部、财务部门和销售部分别属于不同的 3 个网段，三部门之间用路由器进行信息传递，为了安全起见，公司领导要求销售部门不能对财务部进行访问，但经理部可以对财务部进行访问。PC1 代表经理部的主机，PC2 代表销售部的主机，PC3 代表财务部的主机。

【实训内容】

　　(1) 按照拓扑进行网络连接。
　　(2) 配置路由器接口 IP 地址。
　　(3) 配置路由器静态路由。
　　(4) 按要求配置基于编号的 IP 标准访问控制列表。
　　(5) 将访问列表应用到接口。

【实训拓扑图】

　　实训拓扑如图 22-2 所示。

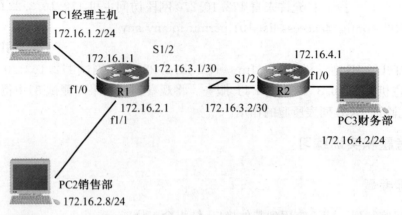

图 22 - 2   用 ACL 方法禁止访问财务部

22.7   实验报告

完成实训练习,并撰写实验报告。实验报告的内容包括:

(1) 实验目的;

(2) 实验要求和任务;

(3) 实验步骤;

(4) 实验源码及注释;

(5) 实验中未解决的问题;

(6) 实验小结。

第五单元　网络通信编程与协议数据包分析

实验 23　基于 Socket 控件的网络通信编程

23.1　实验目的

(1) 了解 Socket 的基本概念；
(2) 理解 Socket 的编程原理；
(3) 掌握 Socket 通信交互过程；
(4) 掌握用 C/C++语言实现 Socket 通信的方法。

23.2　实验内容

(1) 练习服务器端和客户端的通信过程和实现方法；
(2) 练习用 C/C++语言实现 Socket 通信。

23.3　相关知识点

Windows Sockets 是在 Windows 环境下进行网络编程的规范。它是得到广泛应用的、开放的、支持多种协议的网络编程接口。Windows Sockets 规范定义并记录了如何使用 API 和 Internet 协议(通常指的是 TCP/IP)连接,提供给应用程序开发者一套简单的 API,并让各家网络软件供应商共同遵守。Windows Sockets 是基于 TCP/IP 协议的,可以使用任何底层传输协议提供的通信能力,实现底层通信对应用程序的透明。

23.3.1　套接字(Socket)概述

套接字是通信的基石,是支持 TCP/IP 协议的网络通信的基本操作单元。可以将套接字看作不同主机间的进程进行双向通信的端点,在这一端上可以找到与其对应的一个名字。一个正在被使用的套接字接口都有它的类型和与其相关的进程。

根据网络通信的特性,套接字可以分为两类:流套接字和数据报套接字。

1. 流套接字

流套接字提供双向的、有序的、无重复并且无记录边界的数据流服务,适用于处理大量数据。网络传输层可以将数据分散或集中到合适尺寸的数据包中。

流套接字是面向连接的,通信双方进行数据交换之前,必须建立一条路径,这样既确定了它们之间存在的路由,又保证了双方都是活动的、可彼此响应的,但在通信双方之间建立一个通信通道需要很多开支。

2. 数据报套接字

数据报套接字支持双向的数据流,但并不保证数据传输的可靠性、有序性和无重复性。此外,它的一个重要特点是它保留了记录边界。

数据报套接字是无连接的,它不保证接收端是否正在监听,因此,数据报并不可靠,需要由程序员负责管理数据报的排序和可靠性。

23.3.2　Socket 的基本概念

1. 地址

网络通信中通信的两个进程分别在不同的机器上。在 Internet 中,两台机器可能位于不同的网络,这些网络通过网络互联设备(网关、三层交换机、路由器等)连接。因此需要三级寻址:某一主机可与多个网络互连,必须指定一个特定网络地址;网络上每一台主机应有其唯一的地址;每一主机上的每一进程应有在该主机上的唯一标识符。

2. 网络字节序

不同的计算机有时使用不同的字节顺序存储数据,有的机器在起始地址存放低位字节(低位先存),有的机器在起始地址存放高位字节(高位先存),如 Intel 处理器的计算机和 Macintosh 计算机使用了相反的字节排序规则。任何从 Winsock 函数对 IP 地址和端口号的引用和传送给 Winsock 函数的 IP 地址和端口号均是按照网络顺序组织的。

3. 连接

两个进程间的通信链路称为连接。连接在内部表现为一些缓冲区和一组协议机制,在外表现出比无连接高的可靠性。

4. 半连接

网络中用一个三元组可以在全局唯一标识一个进程(协议、本地地址、本地端口号)。这样的一个三元组称之为半相关(Half-association),它指定了连接其中一端的信息。

5. 全相关

一个完整的网络进程通信需要由两个进程组成,并且只能使用同一种高层协议。也就是说,不可能通信的一端使用 TCP 协议,而另一端使用 UDP 协议。因此,一个完成的网间通信需要一个五元组来标识(协议、本地地址、本地端口号、远程地址、远程端口号)。这样的一个五元组称之为全相关(Association),即两个协议相同的半相关才能组合成一个合适的相关或完全指定组成一个连接。

23.3.3　Socket 的服务模式

在 TCP/IP 网络应用中,通信的两个进程间相互作用的工作模式是客户机/服务器模式(Client/Server Model)。在这种方案中客户应用程序向服务器应用程序请求服务。一个服务程序通常在一个公开的地址监听对服务的请求,直到一个客户对这个服务的地址提出了连接请求,在这个时候,服务程序被触发并且为客户提供服务,对客户的请求做出适当的反应。

客户机/服务器模式在操作过程中采取的是主动请求的方式。

1. 客户机/服务器模式

（1）服务器

服务器要先启动,并根据请求提供相应的服务。

① 打开一个通信通道,并告知本地主机,在某一个地址和端口上接收客户请求;

② 等待客户请求到达该端口;

③ 接收请求,发送应答信号,并激活一个新的进程(或线程)处理客户请求,服务完成后,关闭此新进程与客户的通信链路;

④ 返回第②步,等待另一客户请求;

⑤ 关闭服务器。

（2）客户机

① 打开一个通信通道,并连接到服务器所在主机的特定端口;

② 向服务器发送服务请求报文,等待并接收应答,建立通信通道;

③ 通讯结束后,关闭通信通道。

从上面的描述过程可知,客户和服务器进程的作用是非对称的,因此编码不同;服务进程一般是先于客户请求而启动的,只要系统运行,该服务进程一直存在,直到正常或强迫终止。

2. 基于 TCP(面向连接)的 Socket 编程实现

实现时基于流套接字编程,时序如图 23-1 所示。

（1）服务器程序

① 创建套接字(socket);

② 将套接字绑定到一个本地地址和端口上(bind);

③ 将套接字设为监听模式,准备接收客户请求(listen);

④ 等待客户请求,接到请求后,接收连接请求,返回一个新的对应于此次连接的套接字(accept);

⑤ 用返回的套接字和客户端进行通信(send/recv);

⑥ 返回,等待另一客户请求;

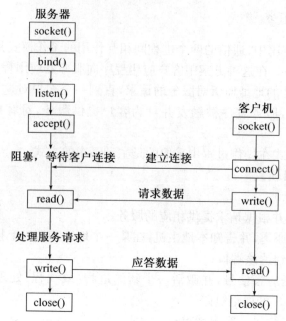

图 23 - 1　"流套接字编程时序图"

⑦ 通讯完毕后,关闭套接字。

(2) 客户端程序

① 创建套接字(socket);

② 向服务器发出连接请求(connect);

③ 和服务器进行通信(send/recv);

④ 关闭套接字。

3. 基于 UDP(面向无连接)的 Socket 编程

实现时基于数据报套接字编程。

(1) 服务器程序

① 创建套接字(socket);

② 将套接字绑定到一个本地地址和端口上(bind);

③ 等待接收数据(recvfrom);

④ 关闭套接字。

(2) 客户端程序

① 创建套接字(socket);

② 向服务器发送数据(sendto);

③ 关闭套接字。

23.3.4　Socket 编程模型

下面以 Windows Sockets(简称为 Winsock)为例进行说明。

1. Winsock 的启动和终止

由于 Winsock 的服务是以动态链接库 Winsock DLL 形式实现的,因此必须先调用 WSAStartup 函数对 Winsock DLL 进行初始化。WSAStartup 函数的原型如下:

　　int WSAStartup(WORD wVersionRequested,LPWSADATA lpWSAData);

其中:参数 wVersionRequested 用于指定准备加载的 Winsock 库的版本,通常的做法是高位字节指定所需要的 Winsock 库的副本,而低位字节则指定所需要的 Winsock 库的主版本,然后再调用 MAKEWORD(X, Y)(X 是高位字节,Y 是低位字节)获得 wVersionRequested 的正确值。参数 lpWSAData 是指向 LPWSADATA 结构的指针,该结构包含了加载的库版本的有关信息,详细格式参阅 MSDN。

此外,在应用程序关闭套接字之后,还应调用 WSACleanup( )函数终止对 Winsock DLL 的使用,并释放资源,以备下一次使用。WSACleanup 函数的原型如下:

　　int WSACleanup(void);

该函数不带任何参数,若调用成功则返回 0,否则返回错误。

2. 流套接字编程模型

流套接字的服务进程和客户进程在通信前必须创建各自的套接字并建立连接,然后才能对相应的套接字进行操作,实现数据的传输。具体的步骤如下:

(1) 服务器进程创建套接字

服务进程首先调用 socket 函数创建一个套接字。socket 函数的原型如下:

　　SOCKET socket(int af,int type,int protocol);

其中:参数 af 用于指定网络地址类型,一般取 AF_INET,表示该套接字在 Internet 域中进行通信。参数 type 用于指定套接字类型,若取 SOCK_STREAM 表示要创建的套接字是流套接字,取 SOCK_DGRAM 表示创建的套接字是数据报套接字。参数 protocol 用于指定网络协议,一般取 0,表示默认为 TCP/IP 协议。若套接字创建成功则该函数返回所创建的套接字句柄 SOCKET,否则产生 INVALID_SOCKET 错误。

(2) 地址绑定

通过 bind 函数将本地主机地址和本地端口号绑定到所创建的套接字上,以便在网络上标识该套接字。bind 函数原型如下:

　　int bind(SOCKET s, const struct sockaddr ∗ name, int namelen);

其中:参数 s 是由 socket( )调用返回的并且未作捆绑的套接字句柄,用来等待客户机的连接。参数 name 是赋予套接字的地址,它由 struct sockaddr 结构表示,该结构随着选择的协议的不同而变化,一般情况下另一个与该地址结构大小相同的 sockaddr_in 结构更为常用,sockaddr_in 结构用来表示 TCP/IP 协议下的地址,在 TCP/IP 协议下,可以方便地通过强制类型转换把 sockaddr_in 结构转换为 sockaddr 结构。sockaddr_in 结构格式如下:

```
struct sockaddr_in
{
    short            sin_family;
    unsigned short   sin_port;
    struct in_addr   sin_addr;
    char             sin_zero[8];
};
```

其中:sin_family 字段必须设置为 AF_INET,表示该 socket 处于 Internet 域。sin_port 字段用于指定服务端口,注意应该将端口号由主机字节顺序转换为网络字节顺序。sin_addr 字段用于把一个 IP 地址保存为一个 4 字节的数,它是无符号长整型类型,可以表示一个本地或远程的 IP 地址。sin_zero[8]字段是充当填充的职责,以使 sockaddr_in 结构和 sockaddr 结构的长度一样。

一个有用的、名为 inet_addr 的函数,可以把一个点式 IP 地址转换成一个 32 的无符号长整数;这里取 IP 地址为 INADDR_ANY,以允许服务器应用监听主机计算机上的每一个网络接口上的客户机活动。

参数 namelen 表示 name 的长度。一旦出错,bind 函数就会返回 SOCKET_ERROR。

(3) 将套接字设置为监听模式并准备接收连接请求

使得一个套接字等待进入连接的函数是 listen,其原型为:

int listen(SOCKET s, int backlog);

其中:参数 s 标识一个已捆绑未连接套接字的句柄,服务器用它接收连接请求。参数 backlog 表示请求连接队列的最大长度,用于限制排队请求的个数,目前允许的最大值是 5。如果没有错误发生,listen()函数返回 0,否则返回 SOCKET_ERROR。

进入监听状态之后,通过调用 accept 函数使套接字做好接收客户连接的准备。accept 函数的原型为:

SOCKET accept(SOCKET s, struct sockaddr * addr, int * addrlen);

其中:参数 s 是处于监听模式的套接字句柄。参数 addr 是一个有效的 SOCKADDR_IN 结构的地址,而 addrlen 是 SOCKADDR_IN 结构的长度。这样服务器便可以为等待连接队列的第一个连接请求提供服务了。accept 函数返回后,addr 参数变量中会包含发出连接请求的客户机的 IP 地址信息,而 addrlen 参数则指出该结构的长度,并返回一个新的套接字句柄,对应于已接收的客户机连接。对于该客户机后续的所有操作,都应使用这个新套接字,原来的监听套接字,仍然用于接受其他客户机连接,并仍处于监听模式。如果无连接请求,服务进程被阻塞。

（4）创建连接

客户机向服务器进程发出连接请求，通过调用 connect 函数可以建立一个端到端的连接。connect 函数原型为：

int connect (SOCKET s, const struct sockaddr FAR * name, int namelen);

其中：参数 s 标识欲建立连接的本地数据报或流类套接字句柄。参数 name 指出对方套接字地址结构的指针。参数 namelen 用于表示 name 参数的长度。如果没有发生错误，connect()函数返回 0，否则返回 SOCKET_ERROR。

（5）数据传输

一旦客户机套接字接收到来自服务器的接受信号，则表示客户机与服务器已实现连接，就可以进行数据传输了。send 和 recv 函数是进行数据接收的函数。

send 函数的原型为：

int send(SOCKET s, const char * buf, int len , int flags);

其中：参数 s 是已建立连接的套接字句柄，表示发送数据操作将在这个套接字上进行。参数 buf 是字符缓冲区，包含即将发送的数据。参数 len 用于指定即将发送的缓冲区内的字符数。参数 flags 指定传输控制方式，如是否发送带外数据等。如果没有发生错误，函数返回总共发送的字节数，否则返回 SOCKET_ERROR。

recv 函数的原型：

int recv(SOCKET s, const char * buf, int len, int flags);

其中：参数 s 是准备接收数据的套接字。参数 buf 是即将接收数据的字符缓冲区。参数 len 则是准备接收的字节数或 buf 缓冲的长度。参数 flags 指定传输控制方式，如是否发送带外数据等。如果没有发生错误，函数返回总共接收的字节数，如果连接被关闭，则返回 0，否则返回 SOCKET_ERROR。

（6）关闭套接字

closesocket 函数的原型为：

int closesocket(SOCKET s);

其中：参数 s 是要关闭的套接字句柄。

3. 数据报套接字编程模型

数据报套接字是无连接的，编程过程比流套接字要简单。

对于接收端（一般为服务端），先用 socket 函数建立套接字，再通过 bind 函数把这个套接字和准备接收数据的 IP 地址信息绑定一起，和前面流套接字一样，但不同的是它不必调用 listen 和 accept，只等待接收数据。并且由于它是无连接的，因此可以接收网络上任何一台机器发出的数据报。

常用的接收数据函数是 recvfrom，它的原型为：

int recvfrom(SOCKET s, char * buf, int len, int flags, struct sockaddr * from, int

＊fromlen）；

对于发送端的来说，首先建立一个套接字，然后调用 sendto 函数发送数据，它的原型为：

int sendto(SOCKET s，const char ＊ buf，int len，int flags，const sockaddr ＊ to，int tolen)；

23.4 实验环境与设备

每组实验设备包括 PC 机一台（Windows 操作系统、Visual C＋＋6.0）。

23.5 实验步骤

下面通过一个实例说明基于 Socket 编程的实现方法。只要在服务器端运行 SocketSrv. cpp 程序，在客户端运行 TcpClient. cpp 程序，连接建立成功后便可以相互通信。这里，必须先运行服务器端程序，然后再运行客户端程序。

1. 服务器端程序 SocketSrv. cpp

```
#include <stdio. h>
#include <Winsock2. h>
void main(){
  WORD wVersionRequested;
  WSADATA wsaData;
  int err;
  wVersionRequested = MAKEWORD(1,1);
  err = WSAStartup(wVersionRequested,&wsaData);
  if(err! =0){
      return;
  }
  if(LOBYTE(wsaData. wVersion)! =1|| HIBYTE(wsaData. wVersion)! =1){
      WSACleanup();
      return;
  }
  SOCKET sockSrv = socket(AF_INET,SOCK_STREAM,0);
  SOCKADDR_IN addrSrv;
  addrSrv. sin_addr. S_un. S_addr = htonl(INADDR_ANY);
  addrSrv. sin_family=AF_INET;
  addrSrv. sin_port = htons(6000);
  bind(sockSrv,(SOCKADDR ＊ )&addrSrv,sizeof(SOCKADDR));
  listen(sockSrv,5);
  SOCKADDR_IN addrClient;
```

```
int len = sizeof(SOCKADDR);
while(1){
    SOCKET sockConn = accept(sockSrv,(SOCKADDR *)&addrClient,&len);
    char sendBuf[100];
    sprintf(sendBuf,"Welcome %s to http://www.njit.edu.cn",inet_ntoa(addrClient.sin_addr));
    send(sockConn,sendBuf,strlen(sendBuf)+1,0);
    char recvBuf[100]={0};
    recv(sockConn,recvBuf,100,0);
    printf("%s\n",recvBuf);
    while(1){
        recv(sockConn,recvBuf,100,0);
        printf("%s\n",recvBuf);
        memset(sendBuf,0,sizeof(sendBuf));
        strcat(sendBuf,"echo ");
        strcat(sendBuf,recvBuf);
        send(sockConn,sendBuf,strlen(sendBuf)+1,0);
        if(strcmp(recvBuf,"end")==0){
            break;
        }
    }
    closesocket(sockConn);
}
}
```

服务器端的工作流程：

首先调用 socket()函数创建一个 Socket，专门用于监听客户端的连接服务请求；然后调用 bind()函数将其与本机 IP 地址以及一个本地端口号绑定；接着调用 listen()函数在相应的 Socket 上监听，等待客户端的连接服务请求，如图 23－2 所示；当 accept()函数接收到一个客户端的连接服务请求时，将自动生成一个新的 Socket，用于专门处理与客户端的通信。服务器端窗口中显示该客户端发送过来的信息"This is zhangsan"，如图 23－3 所示，并通过新的 Socket 向客户端发送字符串"Welcome 127.0.0.1　to http://www.njit.edu.cn"；最后等待客户端发送新的信息；当客户端发送新的信息之后，则在服务器端窗口中显示，如图 23－4 所示；当客户端发送字符串信息"end"时，表示客户端结束此次通信过程，则服务器端关闭专门用于与该客户端通信的 Socket。

服务器端向客户端发送的字符串"Welcome 127.0.0.1　to http://www.njit.edu.cn"中的 IP 地址是客户端的 IP 地址。

图 23-2　"服务器端程序　　　　图 23-3　"客户端连接成功后　　　图 23-4　"服务端接收信息"窗口
　　　　　启动"窗口　　　　　　　　　　　服务器端"窗口

2. 客户端程序 TcpClient. cpp

```
#include <stdio. h>
#include <Winsock2. h>
void main(){
  WORD wVersionRequested;
  WSADATA wsaData;
  int err;
  wVersionRequested = MAKEWORD(1,1);
  err = WSAStartup(wVersionRequested,&wsaData);
  if(err! =0){
    return;
  }
  if(LOBYTE(wsaData. wVersion)! =1|| HIBYTE(wsaData. wVersion)! =1){
    WSACleanup();
    return;
  }
  SOCKET sockClient = socket(AF_INET,SOCK_STREAM,0);
  SOCKADDR_IN addrSrv;
  addrSrv. sin_addr. S_un. S_addr = inet_addr("127. 0. 0. 1");
  addrSrv. sin_family = AF_INET;
  addrSrv. sin_port = htons(6000);
  connect(sockClient,(SOCKADDR * )&addrSrv,sizeof(SOCKADDR));
  char recvBuf[100];
  recv(sockClient,recvBuf,100,0);
  printf("%s\n",recvBuf);
  send(sockClient,"This is zhangsan",strlen("This is zhangsan")+1,0);
  char sendBuf[100];
  while(1){
```

```
        memset(sendBuf,0,sizeof(sendBuf));
    scanf("%s",&sendBuf);
        send(sockClient,sendBuf,strlen(sendBuf)+1,0);
        recv(sockClient,recvBuf,100,0);
    printf("%s\n",recvBuf);
    if(strcmp(sendBuf,"end")==0){
        break;
    }
    }
    closesocket(sockClient);
    WSACleanup();
}
```

客户端工作流程：

首先调用 socket()函数创建一个 Socket,用于与服务器间的通信,并给该 Socket 设置本机的 IP 地址和一个本地端口号;然后调用 connect()函数与服务器端建立连接。连接成功之后接收从服务器端发送过来的数据,如图 23－5 所示;接着,可以调用 send()函数,继续在客户端窗口中向服务器端发送需要通信的内容,如图 23－6 所示;输入完之后直接回车,信息即传送到服务器端,同时,在客户端窗口中显示从服务器端发送过来的反馈信息,如图 23－4 和图 23－7 所示;当在客户端窗口中输入字符串"end"时,表示此次通信过程结束,程序将自动关闭 Socket 和客户端窗口。

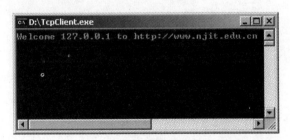

图 23－5　"客户端程序启动"窗口

图 23－6　"客户端发送信息"窗口

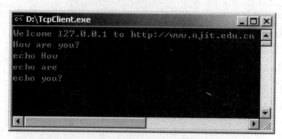

图 23-7 "客户端接收反馈信息"窗口

由于只是进行模拟实验,因此,本实验过程中将服务器端程序和客户端程序运行在同一台计算机上,故将客户端的 IP 地址设置成本地地址"127.0.0.1"。进行实验时,可将此处的 IP 地址设置成实际使用的 IP 地址。

23.6 思考题

(1)编程实现通过 UDP 协议完成服务器和客户端的通信。

(2)网络字节序和主机字节序的区别?

(3)流式套接字、数据报套接字和原始套接字的区别?

实验 24　协议数据包的捕获与分析

24.1　实验目的

（1）了解协议数据包的捕获原理；

（2）掌握协议数据包捕获软件 Sniffer Pro 的安装及使用方法；

（3）能用 Sniffer Pro 捕获 TCP/IP 协议族中的各种协议数据包，并进行分析学习数据报格式；

（4）借助 Sniffer Pro 软件学习应用层协议的工作过程。

24.2　实验内容

（1）学习 Sniffer Pro 软件的安装；

（2）配置 Sniffer Pro 软件的捕获及显示选项参数；

（3）对捕获到的协议数据包进行分析；

（4）用 Sniffer Pro 软件捕获应用层协议的会话。

24.3　相关知识点

24.3.1　Sniffer Pro 简介

Sniffer Pro 是 Network Associates 公司 Sniffer 技术商业部门生产的一种网络分析软件。这种软件用于网络故障与性能治理，是业界应用最广泛的网络管理工具之一，它的主要功能为：网络安全的保障与维护、面向网络链路运行情况的监测、面向网络上应用情况的监测、强大的协议解码能力、对网络流量的深入解析、网络管理、故障报警及恢复等功能，与其他嗅探器软件相比，它的功能更强大，如另一个嗅探软件 Ethereal，尽管它的功能也强大，但是，Ethereal 仅仅能提供协议分析，不具备很多 Sniffer Pro 的功能，比如监控应用程序、高级分析和捕捉变形帧等等。Sniffer Pro 的功能组件如图 24－1 所示。

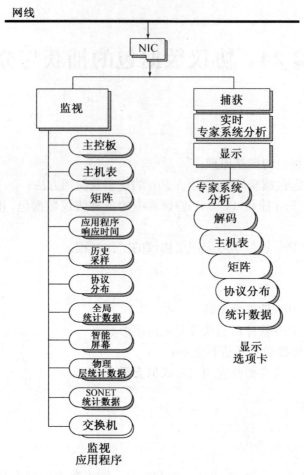

图 24 - 1　**Sniffer Pro 功能组件**

24.3.2　Sniffer Pro 的特点

Sniffer Pro 最大的特点是使用简易,功能多样,其主要特点是:

(1) 可以解码至少 450 种协议。除了 TCP、IP、IPX 和其他"标准"协议之外,Sniffe Pro 还可以解码分析很多由产商自己开发或使用的专门的协议,如思科 VLAN——特定协议。

(2) 提供对主要的 LAN、WAN 和网络技术(包括高速与超高速以太网、令牌环、802.11b 无线网、SONET 传递的数据包、T-1、帧延迟和 ATM)的支持。

(3) 提供在位和字节水平过滤数据包的能力。

(4) 提供对网络问题的高级分析和诊断,并推荐应该采取的正确的行动。

(5) 交换机专家(Switch EXPert)提供从各种网络交换机查询统计结果的功能。

（6）网络流量生成器能够以千兆的速度运行。

（7）仪表盘使用分段查看方式，可以显示近期与长期的使用历史。

（8）应用程序响应时间（ART）可以提供关于应用程序是否正常的报告，这些报告包括 10 个最佳的应用程序和应用程序最差的响应时间。ART 可以用来显示应用程序服务器是否运行缓慢，或者网络中是否存在问题。

（9）高级的应用程序服务层。

24.3.3　Sniffer Pro 的工作原理

在共享介质的以太网中，数据通信是以广播方式进行的，也就是说在同一网段上的所有网络接口都可以访问在通信介质上传输的所有数据，而每一个网络接口都有一个唯一的硬件地址，这个硬件地址就是网卡的 MAC 地址，每块网卡的 MAC 地址都是唯一的。

在正常的情况下，一个网络接口只响应这样的两种数据帧：

◇ 与本身硬件地址（在以太网中就是 MAC 地址）相匹配的数据帧；

◇ 发向所有机器的广播数据帧。

在数据收发过程中，某台计算机的网卡收到传过来的数据时，网卡驱动程序先分析一下到来的帧中所包含的目的硬件地址是否就是它自己的硬件地址，是否接收到来的数据帧，还要依赖于此时网卡所设置的接收模式，常见的接收模式有四种：

◇ 广播方式：该模式下的网卡能够接收网络中的广播信息；

◇ 组播方式：设置在该模式下的网卡能够接收组播数据；

◇ 直接方式：在这种模式下，只有目的网卡才能接收该数据；

◇ 混杂模式：在这种模式下的网卡能够接收一切通过它的数据，而不管该数据是否是传给它的。

因此只要把网卡的接收模式设为混杂模式，就可以接收流经它的所有数据，这实际上就是 Sniffer Pro 的工作原理。

24.3.4　Sniffer Pro 的部署

从上面的分析可看出，要想让 Sniffer Pro 捕获流经所有计算机的数据，则这些计算机应在同一个广播域中，如常见的用一个集线器 HUB 连接多台计算机的网络拓扑就是一个典型的例子，在这种网络拓扑中，Sniffer Pro 可部署在多台计算机中的任何一台即可捕获流经所有计算机的数据。

现在，随着交换机的普及，在很多情况下会用交换机连接多台计算机，在交换的网络环境中，安装有 Sniffer Pro 的计算机只能捕获目的硬件地址是它本身的帧或是广播帧、组播帧，而其他帧则捕获不到。

常见的解决方法有：ARP Spoof（欺骗）、MAC Flooding（洪泛攻击）、Fake the MAC

address(伪造 MAC 地址)、ICMP Router Advertisements(ICMP 路由器发现协议(IRDP)的缺陷)、ICMP Redirect(ICMP 重定向)、交换机端口镜像(Mirroring Configurations)等多种方法,目的都是为了让要捕获的计算机流量流经安装有 Sniffer Pro 的计算机。

　　其中,在支持端口镜像的交换机上做端口镜像是一种比较好的解决方法。

24.4　实验环境与设备

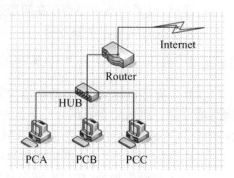

　　为方便实验起见,Sniffer Pro 部署在同一个广播域中,如图 24 - 2 所示拓扑。

　　在这种拓扑中,Sniffer Pro 可部署在与 HUB 相连的任一计算机中,即可捕获所有的网络流量。所采用的版本是 SnifferPro_4_70_530 汉化版。

24.5　实验步骤

图 24 - 2　Sniffer Pro 部署

24.5.1　Sniffer Pro 的安装步骤

　　(1) Sniffer Pro 的安装很简单,双击 SnifferPro_4_70_530.EXE 出现如图 24 - 3 所示,单击"Next"继续安装,单击"Cancel"取消安装。

图 24 - 3　Sniffer Pro 安装起始界面

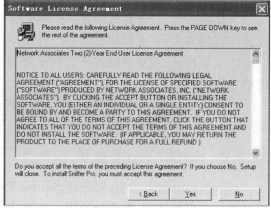

图 24 - 4　许可协议内容

　　(2) 在欢迎界面点击"Next"后进入图 24 - 4 所示的是否同意许可协议界面。

　　(3) 点击"Yes"进入图 24 - 5 所示的填写用户信息界面,可自定义填入相应的信息,然后点击"Next"。

　　(4) 指定安装目录的界面,如图 24 - 6 所示。

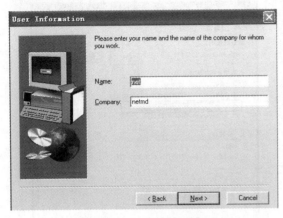

图 24－5　用户信息界面　　　　　　　图 24－6　指定安装路径

（5）在上图指定安装目录后，进入如图 24－7 所示的填写注册信息界面。在填写信息时，所有的栏目都要填写，注册用户信息界面有好几个，在最后的界面中要填入注册码。

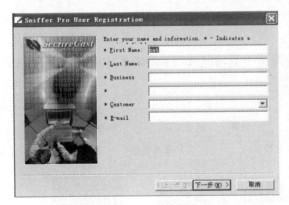

图 24－7　注册用户信息　　　　　　　图 24－8　注册完成界面

（6）注册成功后，出现如图 24－8 所示的界面。

（7）在上图点击"完成"后，提示是否重启系统，如图 24－9 所示。

（8）重启后，如果安装成功的话，在图 24－10 所示位置会出现 Sniffer Protocol Driver 字样。

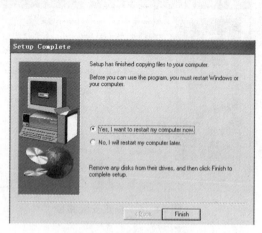

图 24‐9　提示重启界面

图 24‐10　驱动安装成功界面

（9）最后点击安装汉化软件包，就可完成中文界面 Sniffer Pro 的安装。

24.5.2　Sniffer Pro 的操作

在登录所选的网络适配器后，就可用监视菜单中的功能选项来查看监视网络数据，如图 24‐11 所示。

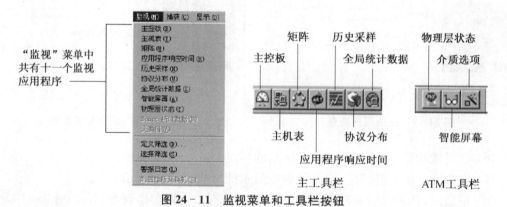

图 24‐11　监视菜单和工具栏按钮

操作步骤如下：

步骤 1：单击菜单"主控板"（有时也称为仪表板），可在图形中实时显示网段的利用率、数据包速率和错误率，如图 24‐12 所示。

单击"重置"按钮可将
所有计数重置为零。

单击此按钮可根据"主控板"
统计数据设置警报阈值。

每秒的数据包数

利用率百分比

每秒的错误数

红色区域显示警报阈值
设置

单击此处可查看更
详细的统计数据

单击这些复选框可查看相
应统计数据的可配置图形。

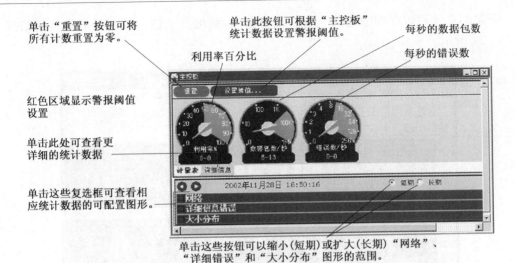

单击这些按钮可以缩小(短期)或扩大(长期)"网络"、
"详细错误"和"大小分布"图形的范围。

图 24-12   仪表板视图

步骤 2:单击"主机表"按
钮可以实时采集每个网络节
点的通信量统计数据,如图
24-13 所示。

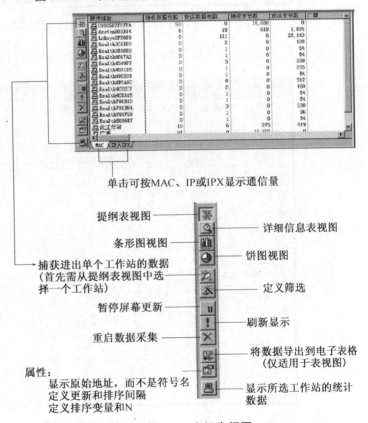

单击可按MAC、IP或IPX显示通信量

提纲表视图

详细信息表视图

条形图视图

饼图视图

捕获进出单个工作站的数据
(首先需从提纲表视图中选
择一个工作站)

定义筛选

暂停屏幕更新

刷新显示

重启数据采集

将数据导出到电子表格
(仅适用于表视图)

属性:
显示原始地址,而不是符号名
定义更新和排序间隔
定义排序变量和N

显示所选工作站的统计
数据

图 24-13   主机表视图

步骤 3：在主机表视图中任选一台主机双击它，就可显示该主机与外界的连接情况，如图 24 - 14 所示。

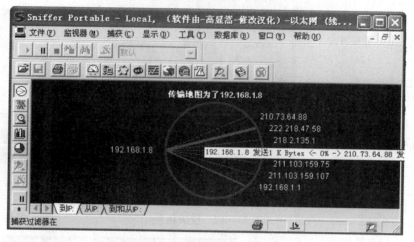

图 24 - 14　单台主机的连接情况

步骤 4：点击图 24 - 15 所示的"Detail"图标（箭头所指），就会显示整个网络中的协议分

协议	地址	入境数据包	入境字节	出境数据包	出境字节
DNS	218.2.135.1	6	510	6	2,092
	192.168.1.8	6	2,092	6	510
	211.103.159.155	8	848	6	384
	211.103.159.107	7	883	3	1,021
	210.73.64.88	12	1,700	5	1,789
HTTP	192.168.1.8	1,249	1,323,818	979	103,506
	192.168.1.1	176	22,024	172	112,942
	222.218.47.58	758	75,298	1,054	1,202,858
	211.103.159.75	18	2,753	9	4,824
NetBIOS_DGM_U	192.168.1.255	41	9,729	0	0
	192.168.1.8	0	0	41	9,729
NetBIOS_NS_U	192.168.1.255	38	4,224	0	0
	192.168.1.8	0	0	38	4,224
	121.229.31.67	0	0	36	13,707
	224.0.0.1	24	1,536	0	0
其他	239.255.255.250	172	56,874	0	0
	192.168.1.1	35	2,954	166	44,832
	192.168.1.8	46	6,720	65	5,104
	224.0.0.22	2	128	0	0

图 24 - 15　Detail 视图

布情况,可看出哪台机器运行了哪些协议。

步骤5:点击"矩阵"按钮,会出现如图24－16所示的全网的连接示意图,图中绿线表示正在发生的网络连接,蓝线表示过去发生的连接。将鼠标放到线上可以看出连接情况。鼠标右键在弹出的菜单中可选择放大(zoom)此图。

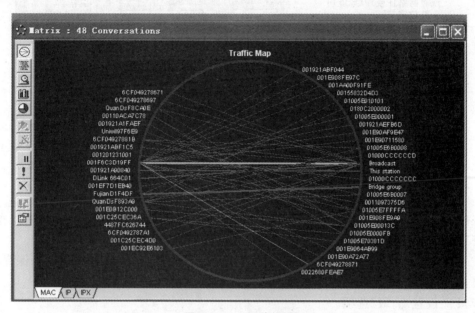

图 24－16　矩阵视图

24.5.3　Sniffer Pro 的抓包步骤

1. 抓包前的设置

为了捕获协议数据包,首先要进行有关过滤器的设置,过滤器分为:捕获过滤器、显示过滤器等等,它们的设置步骤相似。基本的捕获条件有两种:链路层捕获和 IP 层捕获,链路层捕获,按源 MAC 和目的 MAC 地址进行捕获,输入方式为十六进制连续输入,如:00E0FC453456。IP 层捕获,按源 IP 和目的 IP 进行捕获,输入方式为点间隔方式,如:192.168.1.1。如果选择 IP 层捕获条件则 ARP 等报文将被过滤。

步骤1:设置"地址"选项。

从菜单中的选择次序为:捕获→定义过滤器,就可弹出如图24－17所示的配置界面。首先定义那些地址间的通信流量,地址可分为硬件地址(MAC 地址)和 IP 逻辑地址,可任选一种,在位置1和位置2栏可输入相应的地址,并设置数据的流向。

在位置1和位置2可设为一对一的地址间的流量,如:192.168.1.2 与 192.168.1.9,也可设为一对多,如:192.168.1.2 与 Any。

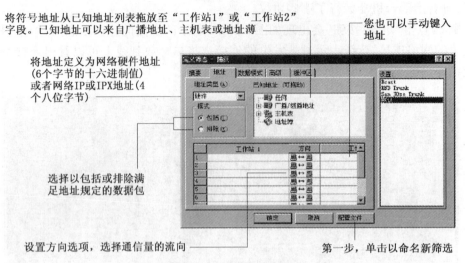

将符号地址从已知地址列表拖放至"工作站1"或"工作站2"
字段。已知地址可以来自广播地址、主机表或地址薄

您也可以手动键入
地址

将地址定义为网络硬件地址
（6个字节的十六进制值）
或者网络IP或IPX地址(4
个八位字节)

选择以包括或排除满
足地址规定的数据包

设置方向选项，选择通信量的流向

第一步，单击以命名新筛选

图 24-17　设置地址选项

在位置 1 和位置 2 中的地址也可从已知的地址簿或主机列表中直接拖取，所以在地址簿中可事先存入想捕获的地址，以备使用。

在配置完地址信息后，单击"配置文件"按钮来保存配置，选择一个文件名来保存配置，也可覆盖已有的配置文件。

步骤 2：设置"高级"选项。

在"高级"选项，可配置要捕获的协议种类，在设置时，要注意各种协议数据间的封装关系，如要捕获 Http 协议数据，则也要选择 IP 和 TCP 协议。

可以选择要捕获的协议数据的条件，如果什么都不选，则表示忽略该条件，捕获所有协议。在捕获帧长度条件下，可以捕获，等于、小于、大于某个值的报文。在错误帧是否捕获栏，可以选择当网络上有错误时是否捕获。在保存过滤规则条件按钮"Profiles"，可以将当前设置的过滤规则进行保存，在捕获主面板中，可以选择保存的捕获条件。详细的说明如图 24-18 所示。

步骤 3：设置缓冲区选项

Sniffer Pro 将捕获的数据放在缓冲区中，合理的缓冲区大小有利于性能的提高，通过选择缓冲区选项卡上的保存到文件，可以在缓冲区已满时将捕获缓冲区内容自动保存到文件。制定文件名的前缀以及要假脱机的文件数。例如，如将文件数设为 5，并单击重用文件名，则第六个文件将改写第一个文件。如未选择重用文件名，则会在第五个文件已满时停止捕获。详细的设置说明如图 24-19 所示。

指定用以筛选的一个或多个网络协议。使用所有带选中标记的网络协议

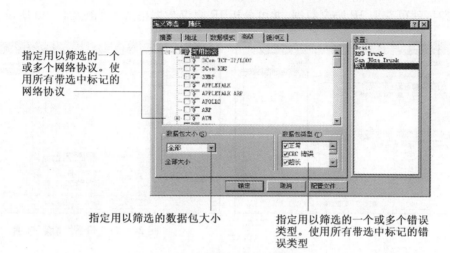

指定用以筛选的数据包大小

指定用以筛选的一个或多个错误类型。使用所有带选中标记的错误类型

图 24-18　设置"高级"选项

选择或键入捕获缓冲区的内存大小。如果您指定的缓冲区较大，Sniffer Pro 在分配内存时可能会存在延迟。所指定的缓冲区内存大小不得超过系统可用的RAM容量

选择在缓冲区已满时停止捕获或选择覆盖缓冲区的原有数据(重用)只有当禁用"保存到文件"选项时，才可选择这些选项

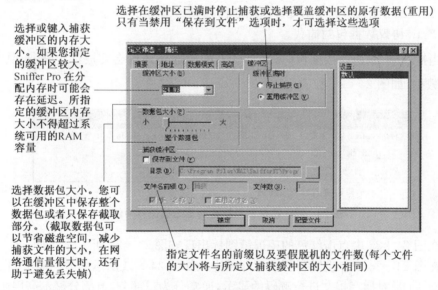

选择数据包大小。您可以在缓冲区中保存整个数据包或者只保存截取部分。(截取数据包可以节省磁盘空间，减少捕获文件的大小，在网络通信量很大时，还有助于避免丢失帧)

指定文件名的前缀以及要假脱机的文件数(每个文件的大小将与所定义捕获缓冲区的大小相同)

图 24-19　设置缓冲区选项

2. IP 协议数据包的捕获

步骤 1:定义适配器

选择"捕获"菜单中的"定义过滤器"，在弹出的设置图中选择"地址"项，在位置 1 和位置 2 中分别填写两台机器的 IP 地址，选择"高级"选项，选择 IP/TCP，Packet Type 设置为 Normal，缓冲区选项按默认设置即可，最后，保存配置，点击"捕获"按钮即可。当有 IP 协议

数据流量时,就可获取 IP 协议数据,并可分析 IP 协议数据格式。如图 24-20 所示。

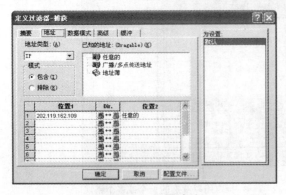 

图 24-20　设置地址　　　　　　　　　图 24-21　设置"高级"选项

注意,在图 24-20 中"地址类型"设为"IP",位置 1 处的 IP 为安装 Sniffer Pro 的主机的 IP 地址,而位置 2 处的 IP 为任意的一个地址,是一对多的关系。

如图 24-21 所示,勾选了 IP 协议,然后保存设置即可。

步骤 2:IP 协议数据包的捕获。

(1) 当捕获到 IP 协议数据包时,工具栏上的望远镜图标会变成红色 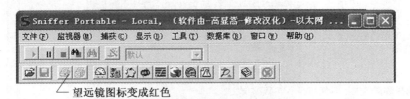 ,说明此时已捕获到了数据,如图 24-22 所示。

图 24-22　已捕获到数据时望远镜图标为红色

(2) 在图 24-22 中点击红色的望远镜图标出现如图 24-23 所示的界面。

(3) 在图 24-23 中点击"解码"按钮即可进入如图 24-24 所示的解码显示图。

图 24-24 是对捕获报文进行解码的显示,通常分为三部分,上部分显示高层协议(应用层)概要信息,中部显示的是二、三层协议数据,下部分显示的是二进制数据(物理层),目前大部分此类软件结构都采用这种结构显示。对于解码主要要求分析人员对协议比较熟悉,这样才能看懂解析出来的报文。对于 MAC 地址,Sniffer 软件进行了头部的替换,如 00e0fc 开头的就替换成 Huawei,这样有利于了解网络上各种相关设备的制造厂商信息。之所以捕获和显示这些数据包是由于设置了相应的捕获和显示过滤规则。

步骤 3:IP 协议数据包分析。

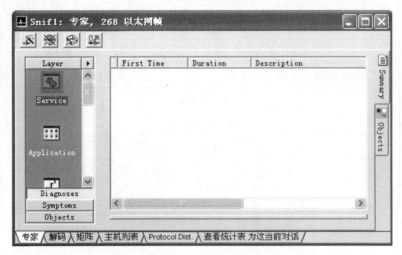

图 24 - 23　专家分析系统

单击减号(-)可减少协议显示空间，单击加号(+)可展开显示

摘要窗格逐行显示了捕获数据包的概要信息

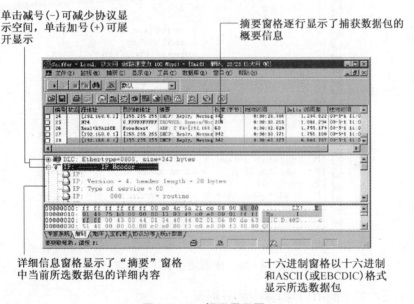

详细信息窗格显示了"摘要"窗格中当前所选数据包的详细内容

十六进制窗格以十六进制和ASCII(或EBCDIC)格式显示所选数据包

图 24 - 24　解码显示图

IP 是 TCP/IP 协议族中最为核心的协议。所有的 TCP、UDP、ICMP 及 IGMP 协议数据都是封装在 IP 数据报格式中传输的，IP 协议提供不可靠、无连接的数据报传送，也就是说 IP 协议不保证 IP 数据报能成功地到达目的地。可靠性由高层协议如 TCP 或应用层协议负责。IP 数据报头如图 24 - 25 所示。

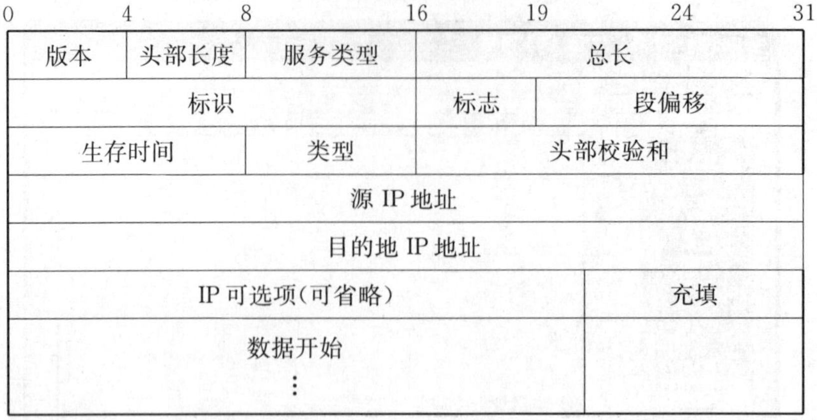

版本	头部长度	服务类型	总长	
标识			标志	段偏移
生存时间		类型	头部校验和	
源 IP 地址				
目的地 IP 地址				
IP 可选项(可省略)			充填	
数据开始 ⋮				

图 24 - 25　IP 数据报头

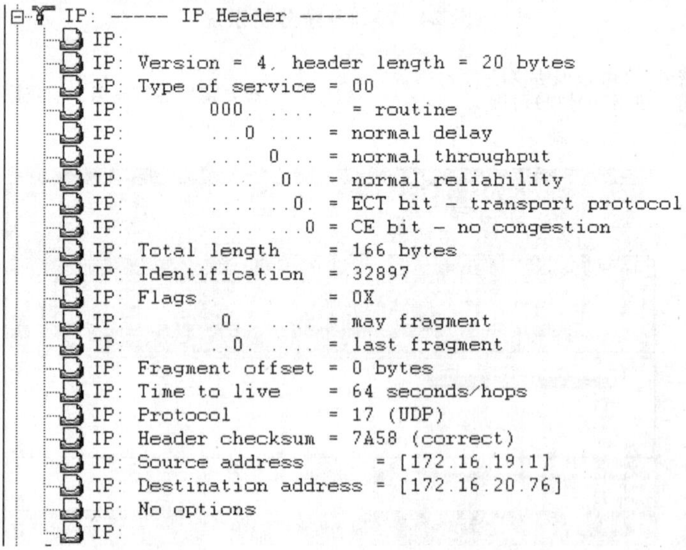

```
IP: ----- IP Header -----
IP:
IP: Version = 4, header length = 20 bytes
IP: Type of service = 00
IP:       000. ....  = routine
IP:       ...0 ....  = normal delay
IP:       .... 0...  = normal throughput
IP:       .... .0..  = normal reliability
IP:       .... ..0.  = ECT bit - transport protocol
IP:       .... ...0  = CE bit - no congestion
IP: Total length     = 166 bytes
IP: Identification    = 32897
IP: Flags           = 0X
IP:       .0.. ....  = may fragment
IP:       ..0. ....  = last fragment
IP: Fragment offset  = 0 bytes
IP: Time to live     = 64 seconds/hops
IP: Protocol         = 17 (UDP)
IP: Header checksum = 7A58 (correct)
IP: Source address      = [172.16.19.1]
IP: Destination address = [172.16.20.76]
IP: No options
IP:
```

图 24 - 26　IP 数据报头详细信息

对图 24 - 26 所示的 IP 数据报头的分析如下：

协议版本号：数值是 4 表示版本为 4。

◇ 4 位首部长度：它的单位是 32 位(4 个字节)，数值为 5 表示 IP 头部长度为 20 字节；

◇ 8 位服务类型(TOS)的总值 type of service 值是 00(16 进制)，本例中都为 0，表示是一般服务；

◇ 3 位的优先权子字段值是 000(二进制)routine 常规；

◇最小延时 Normal delay 值是 0(二进制一个 bit 位)；

◇最大吞吐量 normal throughput 值是 0(二进制一个 bit 位);

◇最高可靠性 normal reliability 值是 0(二进制一个 bit 位);

◇最小费用 ect bit-transport protocol 值是 0(二进制一个 bit 位);

◇ 1 位的未用字段 Ce bit-no congestion 值是 0(二进制一个 bit 位);

◇ 16 位总长度(字节数)total length 值是 166;

◇ 16 位标识 indentification flags 值是 32897;

◇ Flags 表示分段标志和片偏移字段总值为 0x(16 进制);

◇ may fragment(df) 分段标志位值是 0(二进制一个 bit 位)表示有分段 分段标志位值为 1 表示禁止分段;

◇ last fragment 值是 0(二进制一个 bit 位)表示本 IP 数据报为单段,值是 1 表示本 IP 数据报是众多分段中的一个分段,后面还有分段;

◇片偏移字段 fragment offset 值是 0 表示无偏移,单段的偏移字段值是 0;

◇ 8 位生存时间(TTL)Time to live 值是 64,表示最多能经过 64 个路由器;

◇ 8 位协议 protocol 值是 17,表示 IP 数据报中封装了 UDP 协议数据;

·◇ 16 位首部检验和 Header checksum 值是 7A58(16 进制);

◇ source address 源 IP 地址;

◇ destination address 目的 IP 地址;

◇ no option 无可选项。

从上面的分析可看出,Sniffer Pro 对学习协议数据包格式很有帮助。

24.5.4　TCP 协议三次握手报文的抓包步骤

TCP 协议是面向连接的可靠传输层协议,在传输数据之前要先通过三次握手报文建立一条 TCP 连接,然后才能传输数据,通过三次握手报文通信双方协商了一些通信的初始参数,如:双方的数据字节的初始序列号、双方的接收窗口大小等参数。三次握手报文如图 24-27 所示。

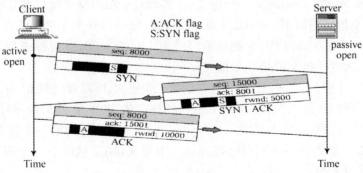

图 24-27　三次握手报文

步骤 1:首先定义捕获过滤器,在"高级"选项中勾选 TCP 协议,其他配置如同 IP 数据报捕获中的设置。

步骤 2:捕获过滤器设置完成后,保存配置,然后点击"捕获"按钮,打开浏览器去访问一个 WEB 站点,如:www.163.com。访问 WEB 站点是由于 WEB 数据用 HTTP 协议来传输,而 HTTP 协议数据封装在 TCP 报文段中,TCP 协议在传输数据之前首先会通过三次握手报文建立连接,这样就可捕获到三次握手报文。

图 24-28、图 24-29、图 24-30 是捕获到的三个握手报文。

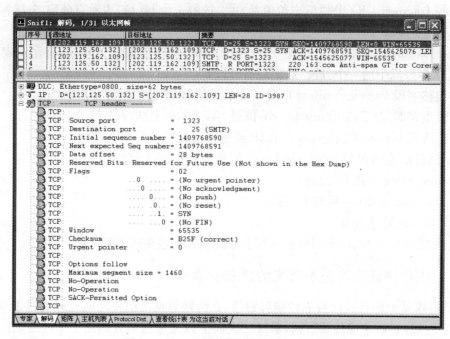

图 24-28 三次握手报文的第一个报文

首先观察图 24-28 所示的第一个报文,在解码显示图的概要窗口部分的序号为一的报文中,可看出这个报文的源 IP 为 202.119.162.109,源端口号为 1323,目的 IP 为 123.125.50.132,目的端口为 25(SMTP),它的初始序号为 1409768590,连接标志位 SYN 为 1,因此可判断出这是三次握手报文的第一个报文。

然后再来看一下图 24-29 三次握手报文的第二个报文,可以看出源 IP 为 123.125.50.132,源端口号为 25;目的 IP 为 202.119.162.109,目的端口为 1323,它的初始序号为 1545625076,SYN 位为 1,ACK 位为 1,ACK 值为 1409768591,ACK 值恰好为第一个报文的初始序号值(1409768590)加 1,意为告诉客户端已收到第一个报文,期望接收下一个报文,因此可判断出这是三次握手报文的第二个报文。

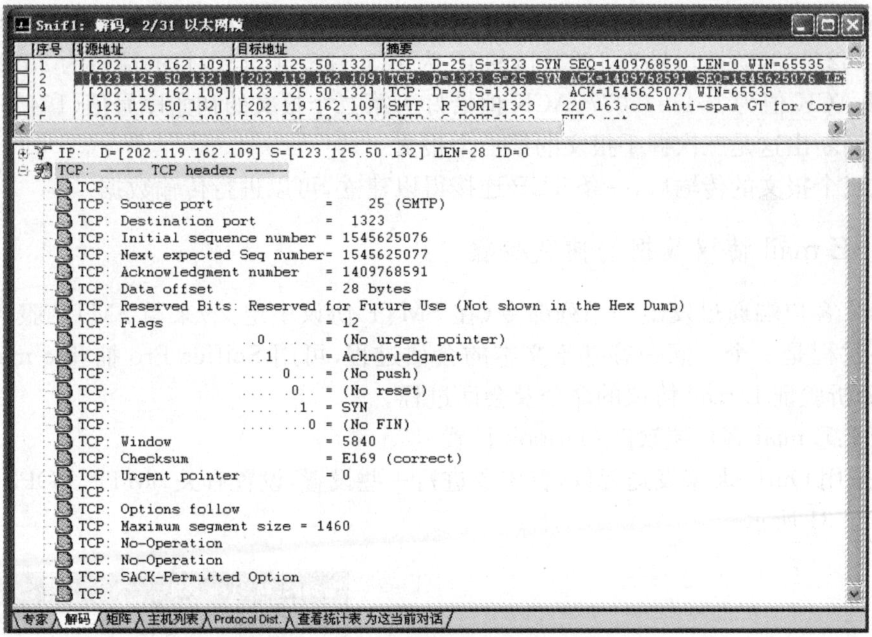

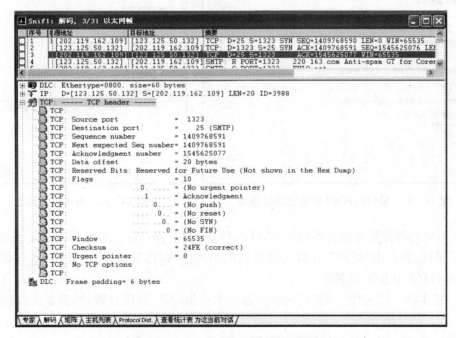

图 24 - 29　三次握手报文的第二个报文

图 24 - 30　三次握手报文的第三个报文

　　最后看图 24-30 三次握手报文的第三个报文,可以看出这个报文的源 IP 为 202.119.162.109,源端口号为 1323,目的 IP 为 123.125.50.132,目的端口为 25,只有 ACK 位为 1,且 ACK 值为 1545625077,ACK 值恰好为第二个报文的初始序号值(1545625076)加 1,因此可判断出这是三次握手报文的第三个报文。

　　经过三个报文的传输后,一条 TCP 连接得以建立,可以进行传输数据。

24.5.5　E-mail 协议数据的捕获步骤

　　E-mail 客户端通过发出一系列命令(在 SMTP 协议中定义)来与 SMTP 服务器交互,这个交互过程是一个一问一答基于文本的会话过程,可用 Sniffer Pro 捕获 e-mail 协议数据,进行分析验证 E-mail 协议的命令及会话过程。

　　步骤 1:E-mail 客户端软件 Outlook 设置

　　(1)采用 Outlook 来发送邮件,首先要进行一些设置,设置有关 SMTP、POP3 服务器地址如图 24-31 所示。

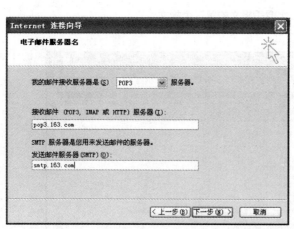
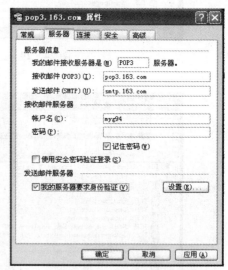

图 24-31　SMTP、POP3 服务器地址设置　　　　图 24-32　身份认证设置

　　(2)不同的邮件服务器有不同的 SMTP、POP3 服务器地址。点击 Outlook 菜单栏中的"工具"菜单项,再点击"帐户",在弹出的设置图中选择"邮件",再点击"属性"就会弹出如图 24-32 所示有关认证的设置图。

　　(3)在图 24-32 左下方的"我的服务器要求身份验证"这项打钩,然后点击"确定"按钮即可。

　　步骤 2:Sniffer Pro 捕获过滤器的设置。

这部分的设置大部分与 IP 协议数据捕获实验设置一样,由于要捕获 SMTP 协议数据,所以还要在图 24-33 中选中 SMTP 协议。

步骤 3:E-mail 协议数据的捕获及分析。

点击 Sniffer Pro 工具栏中的"捕获"按钮,然后启动 Outlook 来发送邮件,当 Sniffer Pro 工具栏中的"望远镜"按钮变成红色时表明已捕获到了 E-mail 协议数据,然后点击"望远镜"按钮进入专家分析显示

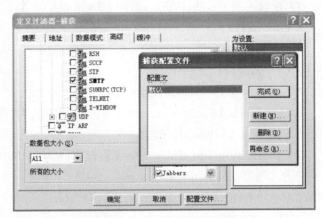

图 24-33　捕获过滤器设置

图。图 24-34 显示了 SMTP 会话过程,图 24-35 显示了包含邮箱名的信息,图 24-36 显示了包含用户密码的信息,图 24-37 显示了邮件内容的信息,点击图 24-34 中的第 10 条摘要信息可得到图 24-35 所示的内容(在详细信息窗口中显示),点击图 24-34 中的第 12 条摘要信息可得到图 24-36 所示的内容(在详细信息窗口中显示),点击图 24-34 中的第 20 条摘要信息可得到图 24-37 所示的内容(在详细信息窗口中显示)。

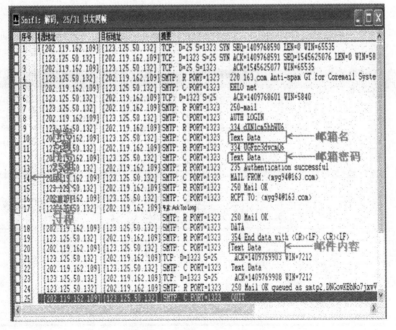

图 24-34　SMTP 会话过程

在图 24-34 中,从序号 5 到序号 25 组成了一个 SMTP 会话过程,如下所示:

1 C：　EHLO

2 S：　250

3 C：　AUTH LOGIN

4 S：　334 vXNlcm5hbWU6

5 C：　ywrtaw5pc3ryyxrvcg＝＝(假设邮箱名为"maoyg94")

6 S：　334 UGFzc3dvcmQ6

7 C：　mzqt0ta5mm1hbw＝＝（假设密码为"3499092mao"）

8 S：　235 Authenticationsuccessful.

9 C：　MAIL FROM：maoyg94@163.com

10 S：　250

11 C：　RCPT TO：maoyg94@163.COM

12 S：　250

13 C：　DATA

14 S：　354

15 C：　QUIT

16 S：　131

S:表示服务器返回,C:表示客户端发送。

其中第 5 步骤的邮箱值和第 7 步骤的密码值都是经过 Base64 编码后的值,如图 24-35 所示。

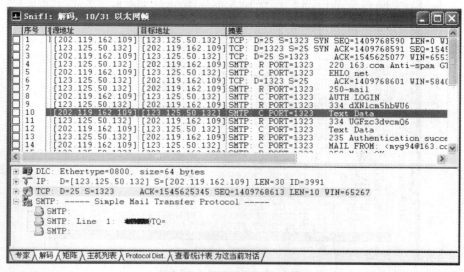

图 24-35　邮箱名解码图

在图 24-35 中，在详细信息窗口中显示的是经过 Base64 编码后的邮箱名值（邮箱名加了涂黑，以下同）。同样，在图 24-36 中，在详细信息窗口中显示的是经过 Base64 编码后的邮箱密码。

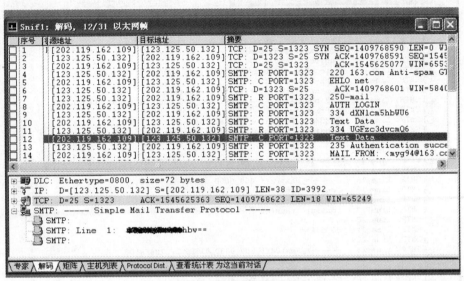

图 24-36　邮箱密码解码图

最后来看一下 E-mail 源码图，从图 24-37 中可以很清楚地看到 MIME 格式的整封邮件内容。

从上面的分析可以看出，在共享通信介质的局域网中通信数据是很不安全的，由于 Base64 编码算法是公开的，所以很容易得到 Base64 编码算法的反编码算法，因此，E-mail 的邮箱名、密码甚至整封邮件内容都可通过 Base64 编码算法的反编码得到。同样也可得到 FTP、TELNET 等账号信息。

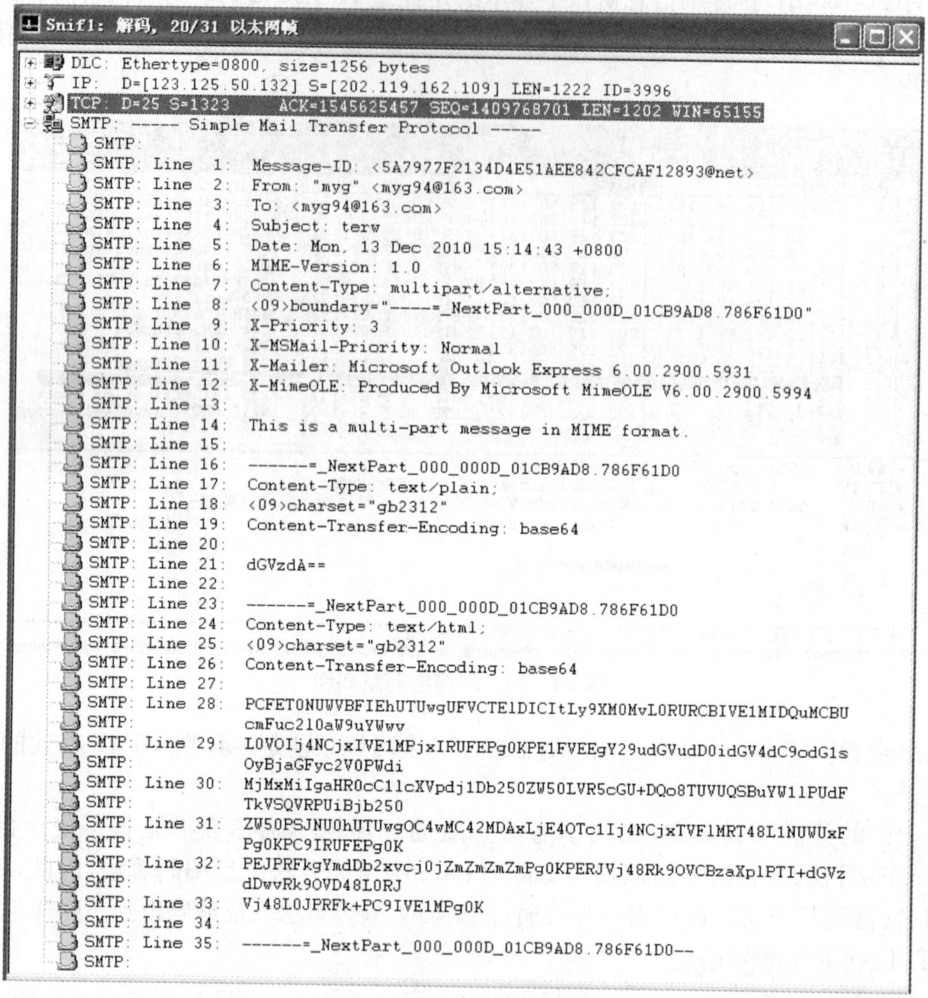

```
Snif1: 解码, 20/31 以太网帧                              _ □ X
⊞ DLC: Ethertype=0800, size=1256 bytes
⊞ IP:  D=[123.125.50.132] S=[202.119.162.109] LEN=1222 ID=3996
⊞ TCP: D=25 S=1323    ACK=1545625457 SEQ=1409768701 LEN=1202 WIN=65155
⊟ SMTP: ----- Simple Mail Transfer Protocol -----
   SMTP:
   SMTP: Line  1:  Message-ID: <5A7977F2134D4E51AEE842CFCAF12893@net>
   SMTP: Line  2:  From: "myg" <myg94@163.com>
   SMTP: Line  3:  To: <myg94@163.com>
   SMTP: Line  4:  Subject: terw
   SMTP: Line  5:  Date: Mon, 13 Dec 2010 15:14:43 +0800
   SMTP: Line  6:  MIME-Version: 1.0
   SMTP: Line  7:  Content-Type: multipart/alternative;
   SMTP: Line  8:  <09>boundary="-----=_NextPart_000_000D_01CB9AD8.786F61D0"
   SMTP: Line  9:  X-Priority: 3
   SMTP: Line 10:  X-MSMail-Priority: Normal
   SMTP: Line 11:  X-Mailer: Microsoft Outlook Express 6.00.2900.5931
   SMTP: Line 12:  X-MimeOLE: Produced By Microsoft MimeOLE V6.00.2900.5994
   SMTP: Line 13:
   SMTP: Line 14:  This is a multi-part message in MIME format.
   SMTP: Line 15:
   SMTP: Line 16:  -----=_NextPart_000_000D_01CB9AD8.786F61D0
   SMTP: Line 17:  Content-Type: text/plain;
   SMTP: Line 18:  <09>charset="gb2312"
   SMTP: Line 19:  Content-Transfer-Encoding: base64
   SMTP: Line 20:
   SMTP: Line 21:  dGVzdA==
   SMTP: Line 22:
   SMTP: Line 23:  -----=_NextPart_000_000D_01CB9AD8.786F61D0
   SMTP: Line 24:  Content-Type: text/html;
   SMTP: Line 25:  <09>charset="gb2312"
   SMTP: Line 26:  Content-Transfer-Encoding: base64
   SMTP: Line 27:
   SMTP: Line 28:  PCFETONUWVBFIEhUTUwgUFVCTE1DICItLy9XM0MvvL0RURCBIVE1MIDQuMCBU
   SMTP:           cmFuc2l0aW9uYWwv
   SMTP: Line 29:  L0VOIj4NCjxIVE1MPjxIRUFEPg0KPE1FVEEgY29udGVudD0idGV4dC9odG1s
   SMTP:           OyBjaGFyc2V0PWdi
   SMTP: Line 30:  MjMxMiIgaHR0cC1lcXVpdj1Db250ZW50LVR5cGU+DQo8TUVUQSBuYW1lPUdF
   SMTP:           TkVSQVRPUiBjb250
   SMTP: Line 31:  ZW50PSJNU0hUTUwgOC4wMC42MDAxLjE4OTc1Ij4NCjxTVF1MRT48L1NUWUxF
   SMTP:           Pg0KPC9IRUFEPg0K
   SMTP: Line 32:  PEJPRFkgYmdDb2xvcj0jZmZmZmZmPg0KPERJVj48Rk9OVCBzaXplPTI+dGVz
   SMTP:           dDwvRk9OVD48L0RJ
   SMTP: Line 33:  Vj48L0JPRFk+PC9IVE1MPg0K
   SMTP: Line 34:
   SMTP: Line 35:  -----=_NextPart_000_000D_01CB9AD8.786F61D0--
   SMTP:
```

图 24 - 37　E - mail 源码图

24.6　思考题

1. Base64 编码算法内容是什么？

2. 如何在用交换机连接计算机的网络中部署 Sniffer Pro？

3. 如何用 Sniffer Pro 捕获 FTP、TELNET 等账号信息？

第六单元 路由器交换机模拟软件的使用

实验 25 Packet Tracer 的使用方法

25.1 实验目的

（1）掌握使用 Packet Tracer 绘制拓扑图的方法；

（2）熟悉 Packet Tracer 中对网络设备进行配置的方法。

25.2 实验内容

（1）通过 Packet Tracer 软件画出给定的拓扑图；

（2）在二层交换机上划分 VLAN；

（3）在三层交换机上配置 VLAN 地址，使得各个 VLAN 之间能相互通信；

（4）配置三层交换机、路由器的静态路由协议，实现全网的互通。

25.3 相关知识点

Packet Tracer 是一种路由器交换机模拟软件，是由思科公司发布的一个辅助学习工具，它为学习思科网络课程的初学者去设计、配置、排除网络故障提供了网络模拟环境。用户可以在软件的图形用户界面上直接使用拖曳方法建立网络拓扑，并可提供数据包在网络中行进的详细处理过程，观察网络实时运行情况。通过 Packet Tracer，可以学习 IOS 的配置、锻炼故障排查能力。软件还附带 4 个学期的多个已经建立好的演示环境、任务挑战，目前最新的版本是 Packet Tracer 5.3.3。它支持 VPN、AAA 认证等高级配置。

25.4 实验环境与设备

1. 拓扑图和背景介绍

图 25-1 为某学校网络拓扑模拟图，接入层设备采用 S2126G 交换机，在接入交换机上划分了办公网 VLAN20 和学生网 VLAN30。为了保证网络的稳定性，接入层和汇聚层通过两条链路相连，汇聚层交换机采用 S3550，汇聚层交换机通过 VLAN1 中的接口 F0/10 与 RA 相连，RA 通过广域网口和 RB 相连。RB 以太网口连接一台 FTP 服务器。通过路由协议，实现全网的互通。

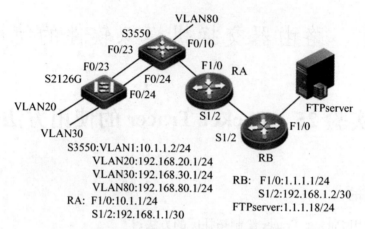

图 25-1 某学校网络拓扑模拟图

说明：图中实验设备端口均为假设路由器是 R1762 或 R2632。

2. 配置要求

（1）在 S3550 与 S2126 两台设备创建相应的 VLAN。

① S2126 的 VLAN20 包含 F0/1-5 端口；

② S2126 的 VLAN30 包含 F0/6-10 端口；

③ 在 S3550 上创建 VLAN80；

④ 将 F0/18-20，F0/22 加入到 VLAN80。

（2）S3550 与 S2126 两台设备利用 F0/23 与 F0/24 建立 TRUNK 链路。

① S2126 的 F0/23 和 S3550 的 F0/23 建立 TRUNK 链路；

② S2126 的 F0/24 和 S3550 的 F0/24 建立 TRUNK 链路。

（3）S3550 与 S2126 两台设备之间提供冗余链路。

① 配置快速生成树协议实现冗余链路；

② 将 S3550 设置为根交换机。

（4）在 RA 和 RB 上配置接口 IP 地址。

① 根据拓扑要求为每个接口配置 IP 地址；

② 保证所有配置的接口状态为 UP。

（5）配置三层交换机的路由功能。

① 配置 S3550 实现 VLAN1、VLAN20、VLAN30、VLAN80 之间的互通；

② S3550 通过 VLAN1 中的 F0/10 接口和 RA 相连，在 S3550 上 ping 路由器 A 的 F1/0 地址。

（6）在路由器 RA 上做 NAPT。

使局域网内所有主机都能用公网地址 211.168.1.1/30 访问外网。

（7）配置静态路由。

① 在 S3550、RA、RB 上分别配置静态路由，实现全网的互通；

② 利用 Ping 命令测试全网的连通性。

（8）在 RA 上配置安全策略。

① 学生不可以访问服务器 1.1.1.18 的 FTP 服务；

② 学生可以访问其他网络的任何资源；

③ 对办公网的任何访问不做限制。

3. 实验设备

二层交换机 1 台，三层交换机 1 台，R1762 或 R2632 路由器 2 台。

25.5　实验步骤

步骤 1：在 Packet Tracer 上绘制拓扑图。

在 Packet Tracer 左下方是提供选择的相关设备，如图 25 - 2 所示。此处根据图 25 - 1 给出的拓扑点击相应的设备，在此设备上方空白处，光标会变为十字形，单击鼠标即可将设备逐个放入空白处，如图 25 - 3 所示。

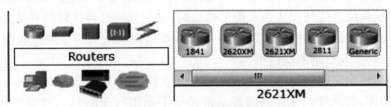

图 25 - 2　选择路由器

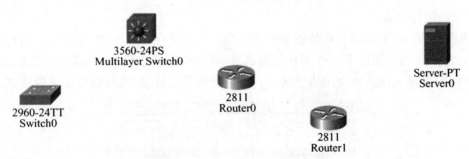

图 25 - 3　选择的设备放置位置

步骤 2：增加模块。

这里增加的设备不一定会和拓扑中设备一样，可以用其他设备代替。接下来是给路由器增加相应的 T1 模块，单击图 25 - 3 中的 2811 路由器，会出现图 25 - 4 所示的界面。

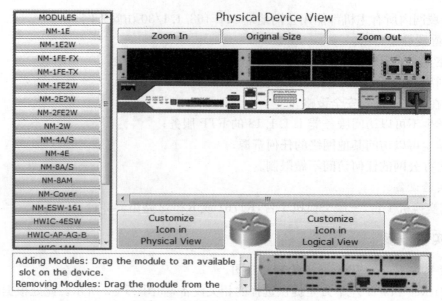

图 25-4　在路由器上增加 T1 模块

　　蓝色区域是为相应的模块提供选择,点击某个模块后,会在绿色区域出现所选模块相应的实体模块。在将绿色区域模块拖入黑色插口时,必须先将红色区域的开关关闭,之后再进行拖入操作。由于此处增加的是 T1 模块,所以需要将模块拖入四个黑色插口中的一个,完成后再次点击开关,开启路由器即可。

　　如果不加模块而又要使用串行线 Senial 接口,则可以选择设备区域"Custom Made Devices"中的路由器,在此处选择的路由器不再需要手动添加 T1 模式,就可以在连线时直接选择串口。

　　步骤 3:连接设备。

　　增加好模块后,下面需要做的就是连接线缆。点击蓝色区域按钮,会在右边出现各种可选线缆,如图 25-5 所示。第一个黄色线缆是自动线缆,就是无需选择线缆就可以在图 25-3中进行连接,但是无法选择使用哪个接口。此处选择手工连接,选择题目要求的接口。

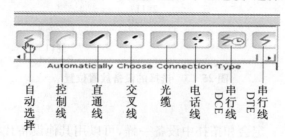

图 25-5　选择连接线

在选择 serial 线缆的时候需要注意,有个小闹钟的是 DCE 端,需要在线源端路由器上配置 clock rate 参数,如图 25-6 所示。

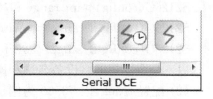

图 25-6　选择 DCE 端

连接好线缆后,绿灯表示 2 层链路通畅,黄灯表示 STP 的 block 状态,红灯则是一端接口没有打开,如图 25-7 所示。

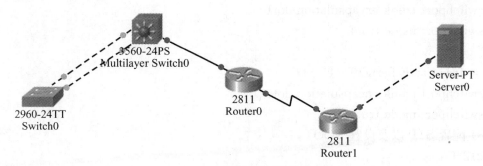

图 25-7　连接完成线以后的状态

步骤 4:配置各个设备。

现在开始对设备进行相应的初始化,以 R0 2811 为例,点击 R0,选择 CLI 界面,出现 Continue with configuration dialog? [yes/no]:时,输入 no 并回车即可。

Router(config)#hostname RA

RA(config)#int f0/0

RA(config-if)#no shut

RA(config-if)#int s0/3/0

RA(config-if)#no shutdown

RA(config-if)#clock rate 64000

(1) 开始配置交换机 vlan,以 S2126G 为例。

S2126G(config)#vlan 20

S2126G(config-vlan)#name teacher

S2126G(config-vlan)#exit

S2126G(config)#vlan 30

S2126G(config-vlan)#name student

S2126G(config)#int range f0/1 - 5

S2126G(config-if-range)#switchport mode access

S2126G(config-if-range)#switchport access vlan 20

S2126G(config)♯int range f0/6 - 10

S2126G(config-if-range)♯switchport mode access

S2126G(config-if-range)♯switchport access vlan 30

以下命令不写网络设备名称和模式,只给出配置结果。

(2) 配置 trunk,以 S3550 为例。

interface FastEthernet0/23

　switchport trunk encapsulation dot1q

　switchport mode trunk

！

interface FastEthernet0/24

　switchport trunk encapsulation dot1q

　switchport mode trunk

(3) 配置 STP 以及设置 ROOT。

S2126G:

spanning-tree mode rapid-pvst 　　　　　　　　//以 rapid-pvst 为例,默认是 pvst

S3550:

spanning-tree mode rapid-pvst

spanning-tree vlan 20 root primary 　　　　　//配置为 root

spanning-tree vlan 30 root primary

(4) 根据要求配置相应的 IP 地址,这里主要讲述 FTP 服务器地址的配置。

在图 25-3 中,单击服务器,出现如图 25-8 所示的界面,选择 Desktop,接着点击 IP Configuration。按图 25-9 所示内容输入地址。

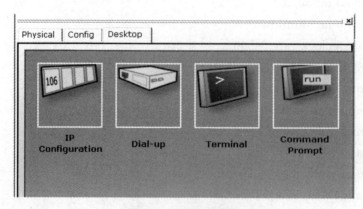

图 25-8　服务器配置

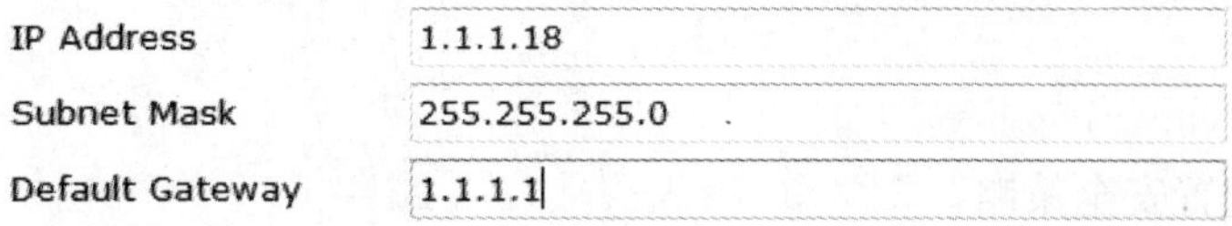

IP Address	1.1.1.18
Subnet Mask	255.255.255.0
Default Gateway	1.1.1.1

图 25-9　输入服务器的地址

(5) 配置静态路由。

S3550：

ip route 1. 1. 1. 0 255. 255. 255. 0 10. 1. 1. 1

ip route 192. 168. 1. 0 255. 255. 255. 252 10. 1. 1. 1

ip route 0. 0. 0. 0 0. 0. 0. 0 10. 1. 1. 1　　//由于外网出口在 RA，所以配置默认路由到 RA

RA：

ip route 1. 1. 1. 0 255. 255. 255. 0 192. 168. 1. 2

ip route 192. 168. 20. 0 255. 255. 255. 0 10. 1. 1. 2

ip route 192. 168. 30. 0 255. 255. 255. 0 10. 1. 1. 2

ip route 192. 168. 80. 0 255. 255. 255. 0 10. 1. 1. 2

RB：

ip route 10. 1. 1. 0 255. 255. 255. 0 192. 168. 1. 1

ip route 192. 168. 20. 0 255. 255. 255. 0 192. 168. 1. 1

ip route 192. 168. 30. 0 255. 255. 255. 0 192. 168. 1. 1

ip route 192. 168. 80. 0 255. 255. 255. 0 192. 168. 1. 1

(6) 在 RA 上配置 NAPT。

access-list 1 permit 192. 168. 20. 0 0. 0. 0. 255

access-list 1 permit 192. 168. 30. 0 0. 0. 0. 255

access-list 1 permit 192. 168. 80. 0 0. 0. 0. 255

ip nat pool napt 211. 168. 1. 1 211. 168. 1. 1 netmask 255. 255. 255. 252

ip nat inside source list 1 pool napt overload

//此处用一个环回口模拟外网

interface Loopback0

　ip address 211. 168. 1. 1 255. 255. 255. 252

　ip nat outside

!

interface FastEthernet0/0

　ip address 10. 1. 1. 1 255. 255. 255. 0

  ip nat inside

  duplex auto

  speed auto

（7）RA 上配置安全策略。

access-list 100 deny ip 192. 168. 30. 0 0. 0. 0. 255 host 1. 1. 1. 18

access-list 100 permit ip any any

interface Serial0/3/0

  ip access-group 100 out

步骤 5：验证。

（1）验证 vlan 配置。

S2126G：

S2126G＃show vlan

VLAN	Name	Status	Ports
1	default	active	Fa0/11, Fa0/12, Fa0/13, Fa0/14
			Fa0/15, Fa0/16, Fa0/17, Fa0/18
			Fa0/19, Fa0/20, Fa0/21, Fa0/22
			Gig1/1, Gig1/2
20	teacher	active	Fa0/1, Fa0/2, Fa0/3, Fa0/4
			Fa0/5
30	student	active	Fa0/6, Fa0/7, Fa0/8, Fa0/9
			Fa0/10

（以下省略）

以上可查看接口是否增加入正确的 vlan，并且注意加入 trunk 的接口不再显示。

  S3550：

S3550＃show vlan

VLAN	Name	Status	Ports
1	default	active	Fa0/1, Fa0/2, Fa0/3, Fa0/4
			Fa0/5, Fa0/6, Fa0/7, Fa0/8
			Fa0/9, Fa0/10, Fa0/11, Fa0/12
			Fa0/13, Fa0/14, Fa0/15, Fa0/16
			Fa0/17, Fa0/18, Fa0/19, Fa0/20
			Fa0/21, Fa0/22, Gig0/1, Gig0/2
20	teacher	active	
30	student	active	

```
   80    VLAN0080                   active
```

（以下省略）

（2）验证 TRUNK。

S3550＃show interfaces trunk

```
Port      Mode      Encapsulation      Status      Native vlan
Fa0/23    on        802.1q             trunking    1
Fa0/24    on        802.1q             trunking    1
```

观察 Status 如果是 trunking 则是正确。

（3）验证 STP。

S3550＃show spanning-tree vlan 20   ∥用查看 S3550 vlan20 为例

VLAN0020

Spanning tree enabled protocol rstp   ∥此处显示使用何种模式

Root ID Priority   24596   ∥根 ID，参数与自己相同

　　　　　Address   0060.5C43.1571

　　　　　This bridge is the root   ∥此处显示改 vlan20 是根桥，与需求相符

　　　　　Hello Time 2 sec Max Age 20 sec Forward Delay 15 sec

Bridge ID Priority 24596　（priority 24576 sys-id-ext 20）

　　　　　Address   0060.5C43.1571

　　　　　Hello Time 2 sec Max Age 20 sec Forward Delay 15 sec

　　　　　Aging Time   20

```
Interface      Role Sts Cost      Prio.      Nbr      Type
Fa0/23         Desg FWD    19     128.23     P2p      ∥FWD 表示 STP 状态为转发
Fa0/24         Desg FWD    19     128.24     P2p
```

S2126G＃show spanning-tree vlan 20

VLAN0020

Spanning tree enabled protocol rstp

Root ID Priority   24596   ∥根 ID 参数与 S3550 相同

　　　　　Address   0060.5C43.1571

　　　　　Cost   19

　　　　　Port   24(FastEthernet0/24)

　　　　　Hello Time 2 sec Max Age 20 sec Forward Delay 15 sec

Bridge ID Priority   32788　（priority 32768 sys-id-ext 20）

```
Address      0001. 632D. 3726
Hello Time   2 sec   Max Age 20 sec   Forward Delay 15 sec
Aging Time   20


Interface        Role Sts Cost       Prio. Nbr Type
          ─────────────────────────────────────────
Fa0/23           Desg FWD 19         128. 23   P2p
Fa0/24           Root FWD 19         128. 24   P2p
Fa0/1            Desg FWD 19         128. 1    P2p
```

（4）验证 IP 地址配置。

RA＃show ip interface brief　　　　//以 RA 为例

```
Interface          IP-Address    OK?    Method Status                  Protocol
FastEthernet0/0    10. 1. 1. 1   YES    manual up                      up
FastEthernet0/1    unassigned    YES    unset  administratively down   down
Serial0/3/0        192. 168. 1. 1 YES   manual up                      up
Loopback0          211. 168. 1. 1 YES   manual up                      up
Vlan1              unassigned    YES    unset  administratively down   down
```

（5）验证 S3550 与 RA 的连通性。

S3550＃ping 10. 1. 1. 1

> Type escape sequence to abort.
>
> Sending 5, 100-byte ICMP Echos to 10. 1. 1. 1, timeout is 2 seconds：
>
> !!!!!
>
> Success rate is 100 percent (5/5), round-trip min/avg/max ＝ 16/31/47 ms

S3550＃ping 1. 1. 1. 18

> Type escape sequence to abort.
>
> Sending 5, 100-byte ICMP Echos to 1. 1. 1. 18, timeout is 2 seconds：
>
> !!!!!
>
> Success rate is 100 percent (5/5), round-trip min/avg/max ＝ 60/60/60 ms

五个感叹号表示可连通。

（6）验证静态路由。

RA＃ show ip route

> Codes：C - connected, S - static, I - IGRP, R - RIP, M - mobile, B - BGP
>
> 　　　　D - EIGRP, EX - EIGRP external, O - OSPF, IA - OSPF inter area
>
> 　　　　N1 - OSPF NSSA external type 1, N2 - OSPF NSSA external type 2
>
> 　　　　E1 - OSPF external type 1, E2 - OSPF external type 2, E - EGP
>
> 　　　　i - IS-IS, L1 - IS-IS level-1, L2 - IS-IS level-2, ia - IS-IS inter area

```
        * - candidate default，U - per-user static route，o - ODR
        P - periodic downloaded static route
        Gateway of last resort is 0.0.0.0 to network 0.0.0.0
               1.0.0.0/24 is subnetted，1 subnets
S       1.1.1.0 [1/0] via 192.168.1.2
        10.0.0.0/24 is subnetted，1 subnets
C       10.1.1.0 is directly connected，FastEthernet0/0
        192.168.1.0/30 is subnetted，1 subnets
C       192.168.1.0 is directly connected，Serial0/3/0
S       192.168.20.0/24 [1/0] via 10.1.1.2
S       192.168.30.0/24 [1/0] via 10.1.1.2
S       192.168.80.0/24 [1/0] via 10.1.1.2
        211.168.1.0/30 is subnetted，1 subnets
C       211.168.1.0 is directly connected，Loopback0
S*      0.0.0.0/0 is directly connected，Loopback0
```

　　S 则表示配置的静态路由生效，S＊表示默认静态路由，此处由于用环回口模拟外网，所以静态默认指向 Loopback0

（7）验证安全策略。

　　RA＃show access-lists 100　　　　　　　　　　　　　　//查看 acl 配置正确与否

```
        Extended IP access list 100
            deny ip 192.168.30.0 0.0.0.255 host 1.1.1.18 (15 match(es))
        permit ip any any (44 match(es))
```

　　S3550＃ping　　　　　　　　　　　　　　　　　　　　//测试 vlan20，可以 ping 通

```
        Protocol [ip]：
        Target IP address：1.1.1.18
        Repeat count [5]：
        Datagram size [100]：
        Timeout in seconds [2]：
        Extended commands [n]：y                    //使用扩展命令
        Source address or interface：192.168.20.1   //源使用 vlan20
        Type of service [0]：
        Set DF bit in IP header? [no]：
        Validate reply data? [no]：
        Data pattern [0xABCD]：
        Loose, Strict, Record, Timestamp, Verbose[none]：
        Sweep range of sizes [n]：
        Type escape sequence to abort.
```

Sending 5，100-byte ICMP Echos to 1.1.1.18，timeout is 2 seconds：

Packet sent with a source address of 192.168.20.1

!!!!!

Success rate is 100 percent (5/5)，round-trip min/avg/max = 78/87/94 ms

S3550♯ping   //测试 vlan30，不能 ping 通

    Protocol [ip]：

    Target IP address：1.1.1.18

    Repeat count [5]：

    Datagram size [100]：

    Timeout in seconds [2]：

    Extended commands [n]：y

    Source address or interface：192.168.30.1   //源使用 vlan30

    Type of service [0]：

    Set DF bit in IP header? [no]：

    Validate reply data? [no]：

    Data pattern [0xABCD]：

    Loose, Strict, Record, Timestamp, Verbose[none]：

    Sweep range of sizes [n]：

    Type escape sequence to abort.

    Sending 5，100-byte ICMP Echos to 1.1.1.18，timeout is 2 seconds：

    Packet sent with a source address of 192.168.30.1

    UUUUU

    Success rate is 0 percent (0/5)

25.6 思考题和实训练习

25.6.1 思考题

（1）Packet Tracer 使用方法总结。

（2）自行设计一个拓扑图，使用 Packet Tracer 软件进行配置。

25.6.2 实训练习

【实训背景描述】

    某企业有两个主要部门：销售部（主机为 PC0 和 PC2）和财务部（主机为 PC1），分别处于不同的办公室，并且销售部的主机处于跨交换机相同的 VLAN 中。现要求销售部的主机能互相访问，销售部和财务部网互相不能访问。

【实训内容】

使用 Packet Tracer 软件实现：

（1）画出实训拓扑图；

（2）配置主机 PC0、PC1、PC2 的 IP 地址；

（3）交换机 switch0 的 f0/5 接口连到 PC0，f0/15 接口连到 PC1。交换机 switch1 的 f0/5 接口连到 PC2；

（4）在 switch0 中建立 VLAN10 和 VLAN20，将 switch0 的 f0/5 端口加入 VLAN10，switch0 的 f0/15 端口加入 VLAN20；switch1 的 f0/5 端口加入 VLAN10；

（5）测试：PC0 主机 ping 主机 PC1，PC0 主机 ping 主机 PC2。

【实训拓扑图】

实训拓扑如图 25-10 所示。

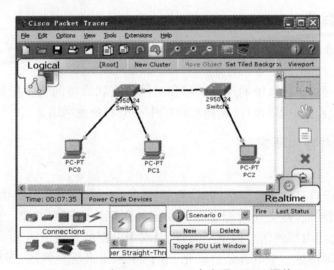

图 25-10　在 Packer Tracer 中实现 VLAN 通信

25.7　实验报告

完成实训练习，并撰写实验报告。实验报告的内容包括：

（1）实验目的；

（2）实验要求和任务；

（3）实验步骤；

（4）实验源码及注释；

（5）实验中未解决的问题；

（6）实验小结。

第七单元　综合组网

实验 26　课程设计

26.1　课程设计题目

中小企业园区网的设计与实现。

26.2　课程设计目的

了解中小型企业的网络建设需求，掌握如何对企业网络进行需求分析，熟悉企业网络项目的实施步骤。

通过对计算机网络课程系统的理论学习和对网络互联设备的初步配置，本课程设计利用网络设备（交换机和路由器）设计、构建和维护中小型的企业网络。

26.3　课程设计内容和要求

1. 背景描述

某企业计划建设自己的企业园区网络，希望通过这个新建的网络，提供一个安全、可靠、可扩展、高效的网络环境，使企业内能够方便快捷的实现网络资源共享、全网接入 Internet 等目标，同时实现公司内部的信息保密隔离，以及对于公网的安全访问。

新建成的企业网将是一个以办公自动化、电子商务、业务综合管理、多媒体视频会议、远程通讯、信息发布及查询为核心，实现内、外沟通的现代化计算机网络系统。该网络系统是日后支持办公自动化、供应链管理以及各应用系统运行的基础设施。为了确保这些关键应用系统的正常运行、安全和发展，系统必须具备如下的特性：

(1) 采用先进的网络通信技术完成企业网的建设，实现各分公司的信息化；

(2) 在整个企业内实现所有部门的办公自动化，提高工作效率和管理服务水平；

(3) 在整个企业内实现资源共享、产品信息共享、实时新闻发布；

(4) 在整个企业内实现财务电算化；

(5) 在整个企业内实现集中式的供应链管理系统和客户服务关系管理系统。

2. 需求分析

(1) 采用先进的网络通信技术完成企业网的建设，实现各分公司的信息化。

分析：利用主流网络设备和网络技术构建企业网。

（2）在整个企业内实现所有部门的办公自动化,提高工作效率和管理服务水平。

分析：既要实现部门内部的办公自动化,又要提高工作效率和网络规划设计合理,建议采用二层结构,建议整个网络根据部门划分并用 VLAN 隔离。

（3）在整个企业内实现资源共享、产品信息共享、实时新闻发布。

分析：由于要实现内部资源共享,需要各个部门通信可以使用 VLAN 间路由解决。

（4）在整个企业内实现财务电算化。

分析：因为财务部门要实现电算化,考虑到财务信息的安全,用 ACL 技术禁止财务部门被其他部门访问,同时用交换机端口实现接入安全。

（5）在关键区域出现网络链路故障时不影响整个网络的使用。

分析：用冗余链路技术保证网络稳定

3. 网络规划设计图

网络规划设计如图 26-1 所示。

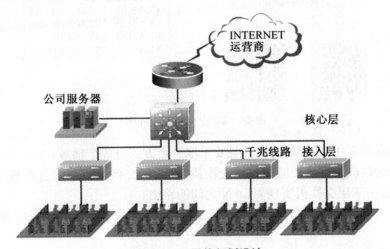

图 26-1　网络规划设计

4. 选择网络设备

在各个层次可选用以下设备：

◇ 接入层：S2126G

◇ 核心层：S3750

◇ 出口路由：R1762

5. 课程设计内容

（1）根据企业的需求进行分析；

（2）采用相应的网络设备和技术；

（3）进行网络规划设计；

（4）网络设备选型；

（5）配置网络设备、办公室主机和网络服务器；

（6）测试。

6．企业网络拓扑图

根据前面第 2 点的需求分析和图 26－2 结合起来分析，该企业的网络建设项目需求应是：

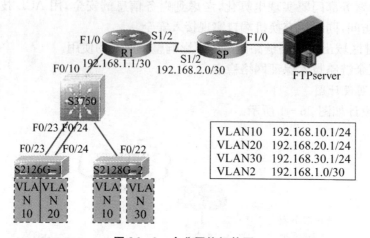

图 26－2　企业网络拓扑图

（1）在接入层采用二层交换机，并且要采取一定方式分隔广播域；

（2）核心交换机采用高性能的三层交换机，接入层交换机分别通过两条上行链路连接到核心交换机，由三层交换机实现 VLAN 之间的路由；

（3）接入交换机的 ACCESS 端口上实现对允许连接数量的控制，以提高网络的安全性；

（4）为了提高网络的可靠性，整个网络中存在环路，要避免环路可能造成的广播风暴等；

（5）三层交换机配置路由接口，与 Rj、ISP 之间实现全网互通；

（6）路由器 Rj 和路由器 ISP 之间通过广域网链路连接，并提供一定的安全性；

（7）ISP 配置静态路由连接到 Internet；

（8）在 ISP 上对内网到外网的访问进行一定控制，要求不允许财务部（VLAN30）访问互联网，业务部（VLAN10）只能访问 WWW 和 FTP 服务，而综合部（VLAN20）只能访问 WWW 服务，其余访问不受控制。

7. 实施具体要求

（1）S2126G-1 划分两个 VLAN，VLAN10、VLAN20，其中 F0/1-10 属于 VLAN10，F0/11-14 属于 VLAN20。

（2）S2126G-2 划分两个 VLAN，VLAN10、VLAN30，其中 F0/1-10 属于 VLAN10，F0/11-15 属于 VLAN30。

（3）S2126G-1 利用两条链路接入核心交换机，采用 802.3ad 提高链路带宽，提供冗余链路。

（4）S3750 和出口路由器 Rj 相连，采用 SVI 方式进行配置。

（5）Rj 路由器和电信端路由器 ISP 利用 V.35 直连，采用 PPP 链路协议进行通讯。

（6）局域网内部三层交换机和路由器间利用 RIPv2 实现全网互通，路由器连外网配置缺省路由。

（7）在全网配置安全策略。

① VLAN10 的主机可以访问 FTP 服务，也可以访问 VLAN20；VLAN30 的主机不可以访问 VLAN20 的主机。

② 局域网用户在访问互联网时上班时间只可以浏览网页、收发电子邮件，下班后不受任何限制。

26.4　实施步骤

步骤 1：在 S2126G-1、S2126G-2 上划分 VLAN。

S2126G-1

Switch#configure terminal

Switch(config)#vlan 10

Switch#configure terminal

Switch(config)#interface fastethernet 0/1-10

Switch(config-if)#switchport access vlan 10

Switch(config-if)#end

Switch#configure terminal

Switch(config)#vlan 20

Switch#configure terminal

Switch(config)#interface fastethernet 0/11-14

Switch(config-if)#switchport access vlan 20

Switch(config-if)#end

Switch(config)#interface fastethernet 0/23-24

Switch(config-if)#switchport mode trunk

Switch(config-if)#end

S2126G-2 配置过程与 S2126G-2 相同,不再列出。

步骤 2:配置 S2126G-1、S3750 RSTP 协议。

(1) 开启生成树协议

Switch#configure terminal

Switch(config)#spanning-tree

(2) 指定生成树协议类型为 RSTP

Switch(config)#spanning-tree mode rstp

(3) 验证生成树协议配置

Switch#show spanning-tree

步骤 3:在 S3750 上配置 VLAN10、VLAN20、VLAN30 路由及出口路由器 Rj 相连,采用 SVI 方式进行配置。

Switch(config)#interface vlan 10(进入虚拟的 VLAN 接口)

Switch(config-if)#ip address 192.168.10.1 255.255.255.0

Switch(config-if)#no shutdown

! VLAN20、VLAN30 的虚拟接口配置同上。

Switch#show ip route ! 查看三层交换机上的路由表

Switch# configure terminal

Switch(config)#vlan 2

Switch#configure terminal

Switch(config)#interface fastethernet 0/10

Switch(config-if)#switchport access vlan 2

Switch(config-if)#end

Switch(config)#interface vlan 2(进入虚拟的 VLAN 接口)

Switch(config-if)#ip address 192.168.1.2 255.255.255.252

Switch(config-if)#no shutdown

步骤 4:配置 Rj 路由器。

(1) 路由器基本配置(接口配置)

Rj(config)#interface serial 1/2

Rj(config-if)#ip address 192.168.2.1 255.255.255.252

Rj(config-if)#clock rate 6400

Rj(config-if)#no shutdown

ISP(config)#interface serial 1/2

ISP(config-if)#ip address 192.168.2.2 255.255.255.252

ISP(config-if)♯no shutdown

（2）配置 PPP PAP 认证

① 被验证方的配置：

◇ 接口下封装 PPP 协议

Rj(config)♯interface serial 1/2

Rj(config-if)♯encapsulation ppp

◇ PAP 认证的用户名、密码

Rj(config-if)♯ppp pap sent-username Rj password 0 star

② 验证方的配置

◇ 验证方配置被验证方用户名、密码

ISP(config)♯username Rj password 0 star

◇ 接口 S1/2 下封装 PPP

ISP(config-if)♯encapsulation ppp

◇ ppp 启用 pap 认证方式

ISP (config-if)♯ppp authentication pap

③ 配置缺省路由

Rj(config)♯ip route 0.0.0.0 0.0.0.0 192.168.2.2

ISP(config)♯ip route 0.0.0.0 0.0.0.0 192.168.2.1

步骤 5：局域网内部三层交换机和路由器间利用 RIPv2 实现全网互通。

（1）三层交换机上配置

Switch(config)♯router rip

Switch(config-router)♯network 192.168.10.0

Switch(config-router)♯network 192.168.20.0

Switch(config-router)♯network 192.168.30.0

Switch(config-router)♯network 192.168.1.0

Switch(config-router)♯version 2

（2）路由器配置

Rj(config-router)♯router rip

Rj(config-router)♯network 192.168.1.0

Rj(config-router)♯network 192.168.2.0

Rj(config-router)♯version 2

（3）用 show ip route 查看路由信息。

步骤 6：配置 FTP 服务器。

步骤 7：在全网配置安全策略。

（1）在三层交换机上配置 ACL 标准访问控制列表

使 VLAN10 的主机可以访问 VLAN20 的主机，VLAN30 的主机不可以访问 VLAN20 的主机。

① 拒绝来自 172.16.2.0 网段的流量通过

Switch(config)#access-list 1 deny 192.168.30.0 0.0.0.255

② 允许来自 192.168.10.0 网段的流量通过

Switch(config)#access-list 1 permit 192.168.10.0 0.0.0.255

（2）验证测试

Switch#show access-lists 1

　　Standard IP access list 1

　　1 deny 192.168.30.0 0.0.0.255（0 matches）

　　1 permit 192.168.10.0 0.0.0.255（0 matches）

（3）将访问列表应用到接口

Switch（config）#interface VLAN 20

Switch（config-if）#ip access-group 1 out

（4）在路由器上配置基于时间的访问控制列表 ACL，使局域网用户在访问互联网时上班时间只可以浏览网页、收发电子邮件，下班后不受任何限制。

① 配置路由器的时钟

Rj#show clock

　　＊00:02:16 UTC December 1 2010

在特权模式下通过 clock set 命令设置路由器当前时钟和实际时钟同步。

② 定义时间段

Rj(config)#time-range freetime

Rj(config-time-range)#absolute start 8:00 1 jan 2008 end 18:00 30 dec 2010

　　　　　　　　　　　　　　　　　　　　　　　　　! 定义绝对时间段

Rj(config-time-range)#periodic daily 0:00 to 9:00　　　　! 定义周期性时间段

Rj(config-time-range)#periodic daily 17:00 to 23:59　　! 定义周期性时间段

③ 查看时间配置 show time-range

④ 定义访问控制列表规则

Rj(config)#access-list 100 permit ip any any time-range freetime! 定义扩展访问控制列表，关联 time-range 接口 t1，允许在规定时间内访问任何网络。

⑤ 将访问列表应用在接口上：

Rj(config)#interface fastethernet 1/0

Rj(config-if)#ip access-group 100 in ! 在 F1/0 接口上进行入栈应用。

⑥ 根据实验 3、实验 6 和实验 9 中给出的方法建立 FTP 服务器、WWW 服务器和邮件服务器。

步骤 8：测试。

（1）VLAN10、VLAN30 的主机能否 ping 通 VLAN20 内的主机。

（2）VLAN10 主机能否访问 FTP 服务器。

（3）工作期间能否访问互联网，非工作期间能否访问互联网。

【注意事项】

（1）在定义时间接口前必须先校正路由器系统时钟；

（2）Time-range 接口允许配置多条 periode 规则，在 ACL 进行匹配时，只要能匹配任一条 periode 规则即认为匹配成功；而不是要求必须同时匹配多条 periode 规则；

（3）设置 periode 规则时可以按以下日期段进行设置：day-of-the-week、weekdays、daily；

（4）Time-range 接口上只允许匹配一条 absolute 规则。

26.5　课程设计报告要求

（1）课程设计目的；

（2）课程设计环境和内容分析；

（3）操作步骤；

（4）遇到的问题和解决方法；

（5）课程设计心得和体会；

（6）对本课程设计的建议或疑问。

参考文献

［1］石炎生,羊四清,谭梅生.计算机网络工程实用教程.电子工业出版社,2008.

［2］吴黎兵,彭红梅,黄磊.计算机网络实验教程.机械工业出版社,2007.

［3］高峡.网络设备互连学习指南.科学出版社,2009.

［4］叶少珍,蒋启强.计算机网络实验教程.清华大学出版社,2010.

［5］袁宗福.计算机网络.机械工业出版社,2004.

［6］姜枫.计算机网络实验教程.北京交通大学出版社,2010.

［7］杨威.网络工程设计与系统集成.人民邮电出版社,2005.

［8］李俊娥.计算机网络基础实验教程.武汉大学出版社,2007.